# ESSAI SUR LA SITUATION

## DE

# L'INDUSTRIE CHEVALINE,

## SES BESOINS,

## ET LES MOYENS DE RÉGÉNÉRATION.

### Par le vicomte A. de C.

## Paris.

CHEZ DENTU, LIBRAIRE, AU PALAIS-ROYAL,

GALERIE D'ORLÉANS.

1842.

IMPRIMERIE D'ÉD. PROOUX ET C⁰, RUE NEUVE-DES-BONS-ENFANS, 3.

# CHAPITRE I.

## DE L'ÉTAT DE LA QUESTION.

L'économie industrielle ne jouit pas encore en France de toute cette influence légitime qu'elle est appelée à exercer un jour sur les affaires de l'Etat. Le rôle qui lui est réservé dans l'avenir est immense, mais elle est loin de disposer au même degré du présent. Tant que les passions parleront plus haut que les intérêts, elle doit se résigner à n'être écoutée le plus souvent qu'à la faveur des luttes qu'elles soulèvent; mais, en même temps, elle doit être toujours prête à les faire servir au triomphe des améliorations que réclame la gêne de nos industries. C'est ainsi que le conflit qui s'est élevé entre deux administrations, au sujet de la question chevaline, pourra entraîner des conséquences fécondes. Le débat va aboutir devant les chambres, les prétentions mutuelles s'y feront entendre. L'industrie pourrait-elle hésiter à produire au jour de la presse et de la tribune ses souffrances et ses besoins? Elle ne le doit pas, elle ne le peut pas. Otez à ce débat l'importance que lui créent les graves intérêts de la fortune et de la sécurité du pays! Que reste-t-il? Des rivalités.

Avec la question industrielle, au contraire, le bien public engagé commande la sollicitude de tous les hommes sérieux, et leurs volontés fermes d'arriver à une solution urgente, et qui mette un terme à un état de choses plein de périls. Là seulement est l'intérêt général.

Le dépérissement de nos races de chevaux représente une des faces de la décadence où sont tombées toutes les branches de l'industrie agricole. Aucune autre n'est à la fois plus importante et plus compromise ; nulle ne touche d'une manière plus sensible à la sûreté de l'Etat, à son indépendance, à la culture du sol, à l'action du commerce, à l'existence du luxe, à tous les besoins d'un grand pays.

Le cheval est une des productions pour lesquelles une nation puissante ne saurait rester tributaire d'aucune autre, sans se créer une dangereuse infériorité. Tous les gouvernemens l'ont compris ; quand nos races ont dégénéré, une administration spéciale a reçu la mission d'en arrêter le dépérissement et de venir au secours de l'industrie. Que ne devait-on pas attendre d'une protection éclairée, dans un pays où non seulement le climat et la végétation favorisent l'élève de races distinctes, énergiques et distinguées, mais où, sur plusieurs points du territoire, ils font de la production chevaline une condition de prospérité et de richesse.

Cependant ces ressources naturelles, réunies aux ressources d'un budget annuel de deux millions, sont, malgré la durée de la paix, demeurées impuissantes contre le mouvement rapide d'un abaissement progressif. Les circonstances difficiles sont venues révéler bien haut un mal qui, pour être nouveau aux yeux de beaucoup de gens, n'en ruine pas moins depuis longues années l'avenir de nos pays d'élèves. Un grand nombre de propriétaires a déjà renoncé à la production chevaline. Le cheval noble n'a-t-il pas disparu complètement ? Y a-t-il encore des chevaux de guerre ?

L'Angleterre et l'Allemagne, qui depuis vingt ans fournissent aux exigences de notre luxe, remontent aujourd'hui notre cavalerie.

C'est précisément cette nécessité d'avoir recours à la production étrangère, qui a inspiré l'initiative que vient de prendre le ministère de la guerre contre l'Administration des

**Haras.** Or la direction de la cavalerie, qui, prise isolément, est la plus considérable des consommateurs, demande compte aux Haras de la pénurie profonde où se trouve une production qu'il leur appartenait de diriger. Elle menace de suppléer par une action personnelle à leur impuissance ; de là la rivalité, et par conséquent l'empressement à s'accuser mutuellement, bien plus que le soin de résoudre l'important problème de notre régénération chevaline. Sans doute on doit penser qu'au fond il y a intention formelle de satisfaire aux justes exigences du pays ; mais à cette heure c'est surtout sur la question d'attribution que la discussion se poursuit. Pour ceux qui ne voient dans le débat qu'une lutte entre la Guerre et les Haras, la question n'est pas autre, mais pour les éleveurs, dont l'intérêt est si profondément engagé dans toutes les solutions qui pourraient intervenir pour l'avenir de l'industrie agricole, la question est à la fois plus haute et plus grave. Leur intérêt exige que le passé porte sa leçon toute entière. Il leur importe avant tout, que de la discussion sorte enfin un système de régénération, fondé non pas sur les moyens que le pays devrait posséder, mais sur ceux dont il peut disposer immédiatement ; un système qui, pour ne pas rester à l'état de théorie, se puisse prêter aux difficultés inséparables de la pratique.

Voilà avant tout ce qui touche essentiellement les éleveurs, mais de ce qu'ils sont moins occupés de savoir qui les régira et les protègera, que de connaître comment ils seront régis et protégés, il ne faut pas conclure qu'ils doivent rester indifférens à l'issue du débat ministériel qui s'est élevé. Il leur appartient au contraire d'examiner lequel des deux les représente le mieux, et leur offre le plus d'avantages dans un conflit où chacune des parties prétend agir en vue de leurs intérêts.

En aucuns cas, ils ne peuvent rester neutres sans courir le risque qu'on se serve de leur nom pour accomplir leur propre ruine ; dans cette situation, le silence serait à la fois une faute grave et un danger imminent.

De nombreux écrits ont été publiés récemment, qui empruntent en général à la position de leurs auteurs une réelle importance ; la plupart portent le caractère des circonstances qui les ont produits. La question d'attributions y domine, partant, plus de récriminations que d'argumens. A peine au contraire a-t-on songé à la solution de la question industrielle , où ce qui en est dit accuse évidemment une connaissance incomplète de l'étendue de nos besoins et de la pénurie de nos ressources.

A côté de ces publications, qu'on doit consulter comme des plaidoyers plus ou moins habiles, plus ou moins rationnels, il faut signaler une brochure plus remarquable, écrite avec un complet détachement de la question d'attributions et en vue de la seule question générale ; toutefois on doit regretter que M. le prince de la Moskowa ait émis des conseils basés sur les choses telles qu'il les voudrait, plus que sur les ressources du pays telles qu'elles existent.

Parmi les écrits dont nous venons de parler, il en est qu'il importe de ne pas laisser sans examen à cause de l'influence qu'ils ne manqueront pas d'exercer en raison du caractère public de ceux qui les ont publiés. Dans ce nombre se trouvent nécessairement placée la brochure de M. de Mégrigny , inspecteur général des Haras ; celle de M. de Torcy, membre du conseil général d'agriculture ; la publication du général de Sparre , celle du général Oudinot ; le rapport de M. de Morny, au nom du conseil général d'agriculture ; celui de la commission des remontes , et enfin l'opinion de M. le prince de la Moskowa.

MM. de Mégrigny et de Torcy, appuyés de l'autorité du conseil général d'agriculture , défendent l'Administration des Haras et attaquent le service des remontes. MM. de Sparre et Oudinot rejettent au contraire sur les haras toute la responsabilité de la situation actuelle, en justifiant l'administration de la guerre.

Essayons de suivre ces Messieurs dans leurs mutuelles incriminations, qui ne sont pas d'ailleurs sans enseignemens utiles. Et d'abord y a-t-il des chevaux de guerre en France, et le service des remontes, est-il incapable d'en faire un choix judicieux par la manière dont il remplit sa mission ?

M. de Torcy dit oui, et le général Oudinot dit non : lequel est dans le vrai ? quelles preuves viennent à l'appui de ces allégations si opposées ?

M. de Torcy fait reposer son opinion : 1° sur une statistique qui établit que l'industrie a fourni en moyenne chaque année, depuis 1830, 4,791 chevaux ; 2° sur un document remis au conseil général, dont il résulterait que la France, en 1840, possédait de 65,000 à 70,000 chevaux de cavalerie ; 3° sur le chiffre de nos exportations. Ainsi non seulement la France aurait chez elle toutes les ressources nécessaires à la remonte, mais encore des ressources dix fois plus grandes que les besoins. Voilà certes qui est rassurant !

Le service des remontes accuse la pénurie du pays ; mais ce n'est pas le pays qui est impuissant, c'est le corps des remontes qui est incapable ; M. de Torcy dresse un tableau des fluctuations qu'a subies son organisation, fait ressortir combien l'esprit de suite y a peu présidé, et déclare l'application vicieuse en ce point surtout que les officiers ne se mettent point en rapport avec les éleveurs.

A quoi le général Oudinot répond : 1° Les remontes ont trouvé en France la moitié des chevaux qu'il leur fallait, mais à quelles conditions ? en faisant taire tous nos règlemens d'admission, en ne tenant pas compte le plus souvent des nécessités physiques de taille, d'âge et de castration. Qu'en est-il résulté ? L'infériorité désespérante de notre cavalerie. Or, est-ce là ce que vous voulez maintenir ? est-ce là ce que vous appelez répondre aux besoins de l'État ?

2° D'où vous vient le document sur lequel vous vous appuyez? quelle garantie avez-vous de son exactitude? Les rapports statistiques des employés des remontes, prouvent le contraire jusqu'à l'évidence. Le tableau des exportations dont vous parlez en est la preuve officielle, pour peu que vous le compariez à celui des importations pendant la même période. D'une part, nous avons exporté depuis 1823 jusqu'en 1840, 71,973 chevaux, mais, de l'autre, nous en avons importé 346,181. Que si on les évalue en moyenne à 500 fr. seulement, c'est donc 173 millions que nous avons donnés à l'étranger, contre 36 millions que nous en avons reçus en échange. Différence à son profit, 137 millions. Pensez-vous que cela établisse clairement que nos ressources soient suffisantes? évidemment elles ne le sont pas.

En 1818, le service des remontes a été fondé ; deux dépôts seulement ont été établis. En 1831, l'action de ce service ne s'étendait qu'à quinze départemens ; aujourd'hui soixante-trois sont régulièrement explorés en tous sens. Si ce développement de l'emploi du corps des remontes n'est pas une preuve de la fixité des vues de l'administration de la guerre, qu'est-ce donc ?

Les officiers de remonte ne remplissent par leur mission, ne se mettent pas en rapport direct avec les éleveurs ; notamment aucun ne s'est jamais présenté chez vous. Sur ce dernier point, vos souvenirs vous trompent étrangement. Les officiers dont vous parlez se sont présentés chez votre fermier plusieurs fois et s'ils n'y ont pas acheté, c'est que vous n'aviez pas de chevaux propres au service. Ils se sont adressés à vous-même, et vous les avez confirmés dans ce qu'ils tenaient de vos fermiers. Voilà pour le fait qui vous regarde personnellement. Maintenant, ce qui n'est pas exact pour vous en particulier, ne l'est pas plus pour les éleveurs en général. Ainsi, en 1840, l'armée a acheté 8,929 chevaux, à 5,351 vendeurs. Il n'est donc pas vrai que les remontes ne remplissent pas exactement leurs missions. Nous ne pousserons pas plus loin pour le moment la reproduction des opinions de MM. de Torcy et Oudinot. Nous les renvoyons au second chapitre de cet écrit, où nous traiterons de la question de savoir quelles sont les causes de la situation déplorable qui a été faite à l'industrie, et par qui elle a été faite.

Quelque désir que nous eussions de citer quelques passages des écrits de MM. Mégrigny et de Champagny, nous n'en avons rien fait, parce que, d'une part, M. de Mégrigny ne dit rien quant à la question en elle-même, et se contente de citer MM. Oudinot, de Torcy, etc., et parce qu'il n'y a dans son ouvrage rien qui ne soit mieux dit par M. de Torcy, en faveur des haras. M. de Champagny ne traite, lui, que des haras d'Allemagne. Nous en avons agi de même avec M. de Sparre, parce que ses argumens rentrent dans ceux de M. Oudinot, bien qu'il varie sur les moyens à prendre pour remédier au mal, ce qui sera examiné en son temps.

M. le prince de la Moskowa, dont l'opinion est si habilement et si judicieusement présentée, reconnaît, en ce qui touche les deux questions sur lesquelles nous venons d'entendre MM. de Torcy et Oudinot : 1° qu'il n'y a pas de chevaux de cavalerie en France ; 2° que les remontes sont éminemment utiles.

Que résulte-t-il cependant de ce que nous avons vu ? Les deux questions que nous avons posées sont-elles résolues, et comment ?

Y a-t-il en France des chevaux de guerre ?

Disons, avec M. Oudinot, que la décroissance de cette espèce est complète. Le rapport du conseil général d'agriculture, l'opinion de M. de Sparre, celle de M. le prince de la Moskowa, la commission des remontes, proclament hautement l'état de pénurie où se trouvent les ressources de notre cavalerie. Quelque opposées que soient d'ailleurs ces publications ; sur ce point, elles sont unanimes. Il faut donc se rendre à cette évidence.

Le service des remontes remplit-il entièrement sa mission ?

Sur cette seconde question, le conseil général d'agriculture se joint à l'opinion de M. de Torcy. Il ne dit pas pourquoi ; mais il demande que l'État recourre au principe de l'achat direct par les corps. Le seul mérite qu'il signale à l'adoption de ce système, est l'intérêt qu'auront les chefs de corps à faire achat de bons chevaux. Il y voit une garantie puissante que le mode actuel ne comporte pas.

Avant tout, il convient de dire que le système d'achat direct par les corps, a déjà subi l'épreuve décisive de la pratique, et que cette épreuve lui a été fatale. Elle a été une source de graves inconvéniens pour l'armée. La nécessité, pour les régimens, de se remonter dans les contrées où ils se trouvent placés, a produit le manque d'homogénéité dans le tempérament et dans la régularité des allures, et par conséquent l'impossibilité d'obtenir l'ensemble dans les évolutions. La simultanéité dans les achats de plusieurs régimens dans les mêmes localités, faisait naître, entre les officiers chargés du soin d'acheter, une concurrence doublement nuisible aux intérêts du Trésor et aux remontes elles-mêmes. Quant à la garantie qu'on puiserait dans l'intérêt du colonel à faire les acquisitions les meilleures, il faut avouer qu'elle est plus spécieuse que réelle. Que fera son zèle, s'il manque de connaissances spéciales? Sans doute on ne veut pas que l'instruction hippique devienne une condition absolue pour arriver au commandement d'un régiment. Mais, dira-t-on, le colonel confiera ce soin à l'officier du régiment qu'il jugera le plus capable. A la bonne heure ; toutefois de deux choses l'une, ou cet officier restera d'une manière permanente dans nos départemens d'élèves, et ce sera rentrer dans le système actuel des remontes ; ou il ne fera que passer dans le pays, et il ne connaîtra réellement ni les ressources, ni les éleveurs. Or, il n'est pas possible que ce défaut de connaissances de la localité n'entrave pas le plus souvent le succès de sa mission. La garantie réclamée par le conseil général d'agriculture, n'aboutirait donc qu'à substituer un zèle fort problématique à des connaissances certaines.

Au moins les mécomptes que trouverait l'armée, dans l'adoption de l'achat par les régimens, seraient-ils compensés par les avantages qu'en retirerait l'industrie ? En faisant passer l'éleveur par le marchand pour arriver à vendre son cheval à la cavalerie, à coup sûr on lui rendrait un mauvais service. C'est pourtant ce qui arriverait nécessairement avec le système d'achat direct par les corps, ainsi que nous venons de le voir. Les colonels de grosse cavalerie devraient renoncer à faire exécuter leurs remontes dans les contrées où on ne trouve en général que des chevaux de troupes légères (*et vice versâ*) ; il en résulterait dès lors que l'éleveur, qui par exception aurait quelques chevaux de traits, perdrait tout espoir d'en trouver le débouché dans l'armée.

La certitude de vendre tous ses bons chevaux, bien que d'espèces différentes, pourvu qu'ils soient propres à un des services de l'État, est pour l'éleveur un encouragement puissant et une importante garantie. Or, cette garantie réside nécessairement dans la centralisation des remontes.

L'industrie ne pourrait que perdre à la décentralisation de l'action de ce corps spécial. Ses intérêts les plus évidens lui feraient une loi de s'y opposer de toutes ses forces, si, contre tous ces précédens, l'administration de la guerre devait jamais prendre en considération le vote du conseil général d'agriculture.

On ne saurait donc trop s'étonner de voir un conseil général d'agriculture, solliciter une mesure si peu en harmonie avec les intérêts de l'industrie agricole qu'il représente ; en vérité, pour comprendre de telles anomalies dans une assemblée d'hommes qu'il faut bien croire spéciaux, on a besoin de se reporter à la délibération du conseil général du commerce, qui s'oppose à l'extension libérale de nos relations commerciales. Certes, voilà l'industrie agricole et le commerce bien représentés.

Il faut d'autant plus se féliciter que les deux intéressés dans la question, l'armée et les éleveurs, aient précisément le même intérêt ; autrement, on le voit, le département de la guerre aurait beau jeu à prendre une décision fatale à notre industrie, et il y aurait tout d'abord le consentement de ceux qui la représentent.

Tout système de cette nature écarté d'un commun accord, doit-on approuver sans restriction le mode actuel des remontes ? C'est notre avis, puisqu'à son point de vue la guerre le juge le meilleur ; car, dans notre pensée, l'Administration des Remontes est encore plus utile à l'éleveur qu'à l'armée.

Pour être complètement irréprochable dans la pratique, elle n'aurait qu'à exécuter à la lettre ses règlemens. Ses officiers se conduisent en général avec un grand discernement et de la manière la plus impartiale. Ils ont pour la plupart les connaissances les plus exactes des localités, et même de la richesse de chaque écurie. Aussi doit-on regretter vivement que les attributions des officiers inférieurs soient quelquefois envahies par leurs supérieurs. Expliquons-nous ! Il y a, par exemple, une ordonnance qui réduit à une simple formalité administrative, la réception du cheval par les officiers supérieurs ; qui décide que le cheval est acheté par l'officier entré en rapport direct avec l'éleveur, et qu'en aucun cas la vente ne peut être annulée, alors même qu'il ne conviendrait pas à ceux qui sont chargés de la réception. On comprend toute l'importance de cette disposition pour la sécurité du vendeur. En effet, s'il se déplace pour conduire son cheval au chef-lieu du dépôt, c'est en pleine certitude de ne pas faire des frais inutiles, et enfin de ne pas perdre son temps. L'ordonnance est explicite ; mais qu'arrive-t-il ? C'est que là où les officiers supérieurs aiment à faire eux-mêmes le plus possible, les officiers inférieurs transigent avec les devoirs que leur impose l'ordonnance. Ils font une loi à l'éleveur de conduire conditionnellement son cheval au dépôt; l'éleveur qui connaît le savoir, qui estime la capacité de l'officier avec lequel il traite, qui croit en son choix, consent à subir cette condition ; mais cela n'empêche pas qu'il ne soit désappointé, et, en définitive, réellement induit en dépense si son cheval n'est pas agréé. De là, les plaintes qui ont trouvé de l'écho dans le département du Calvados. Les éleveurs ont raison. — Les officiers ont dans ce cas une complaisance coupable. Le mal n'est pas dans les règlemens, il est dans l'exécution. Or, il est de l'intérêt de la Guerre de ne pas laisser subsister cette source de dégoût pour l'éleveur; elle doit se montrer sévère à cet égard, et que les actes soient d'accord avec les intentions.

L'industrie, de son côté, doit souhaiter vivement que le système des remontes soit continué et développé sur ses bases actuelles. Le ministère de la guerre doit, à son tour, s'unir de plus en plus aux intérêts des éleveurs : c'est par l'union qu'on arrive aux résultats féconds. Nous examinerons en son lieu les prétentions de ce ministère à s'emparer de la direction des haras; mais nous maintenons, quelle que soit d'ailleurs notre opinion, que par les remontes actuelles l'armée n'agit sur l'élevage du cheval que d'une manière utile pour tous, et qu'on ne les pourrait supprimer qu'à la perte de l'industrie.

Or, l'industrie est surtout ce qui nous préoccupe. Son existence se lie aux intérêts les plus chers de l'État; qu'elle soit florissante, et l'armée comme la fortune publique y trouveront leur compte. Tout se lie et s'enchaîne dans un pays. La prospérité se multiplie comme les détresses. Dans l'état de pénurie de notre industrie chevaline, il faut plus d'une bonne mesure pour la relever. Ce ne sera pas trop d'une grande fixité de vues, d'une profonde sollicitude, et surtout d'un ensemble parfait pour obtenir un tel succès; en prenant leçon du passé, en profitant de ses enseignemens on arrivera, il faut l'espérer, à rendre l'avenir meilleur. Mais il importe que les fautes qui ont été commises soient comprises de tous. L'état de choses actuel est désastreux ; l'élève du cheval de cavalerie est presque abandonné. Là où le cheval de guerre manque, le cheval de luxe n'existe pas.

Quelles sont les causes de cet abaissement de l'industrie chevaline? A qui faut-il en demander compte?

# CHAPITRE II.

*Quelles sont les causes de l'abaissement de l'industrie chevaline ? A qui faut-il en demander compte ?*

L'industrie ne réussit pas dans toutes sortes de conditions. Sa prospérité, son existence même ont des exigences légitimes en dehors desquelles il n'y a, pour elle, ni résultats ni vitalité. Ne peut-elle produire qu'à des conditions plus coûteuses que l'industrie étrangère ? il faut la protéger par des droits sur les importations. Ces moyens de création sont-ils inférieurs ? il faut l'intéresser à les perfectionner, encourager l'introduction des élémens améliorateurs, en proscrire l'exportation, assurer les débouchés intérieurs. L'Etat croit-il devoir prendre l'initiative ? c'est à la condition pour lui de ne faire que ce que la faiblesse de l'industrie qu'il veut relever ne lui permet pas d'exécuter elle-même ; c'est avec l'engagement de mettre au service commun ce qu'un intérêt purement commercial ne saurait engendrer.

Est-ce la science de bien produire qui manque dans le pays ? il faut la propager, en donner l'exemple, mettre l'intelligence des principes à la portée de tous ceux qui ont intérêt à les appliquer et à les connaître.

Là où ces exigences impérieuses ne sont pas complètement satisfaites, il n'y a pour l'industrie ni moyen de naître, ni possibilité de vivre.

Quel fabricant peut produire à perte ?

Lequel consentira à renouveler son matériel s'il n'est assuré d'un débouché et d'un gain immédiat?

Qui voudra produire si l'Etat lui fait concurrence ou l'ena î ne dans une mauvaise voie ?

Qui excellera dans une production s'il n'a science de ce qui fait le succès?

Or, l'industrie chevaline est destituée de tous ces élémens indispensables à la bonne production. Faut-il donc s'étonner que là où elle existait elle disparaisse, que là où elle n'existe plus elle se refuse à revivre ?

La production du cheval de roulage percheron, boulonnais et breton, s'est-elle ralentie? non, car elle lutte avec avantage contre la production étrangère ; elle n'hésite pas à faire des avances qu'elle sait productives ; elle n'a point l'Etat pour concurrent; ses connaissances répondent à sa mission puisqu'elle satisfait aux besoins.

Est-ce à dire cependant qu'on n'eût pu les perfectionner encore? Ce n'est pas notre avis, la prospérité des races plus pures eût rejailli sur ces espèces moins distinguées. Pour la plupart venues du sang oriental par le cheval espagnol, elles ont emprunté à notre climat le gros qui convient aux besoins qu'elles desservent. Elles sont demeurées homogènes parce qu'elles n'ont point éprouvé cette confusion de croisemens qu'ont subie les races de Normandie, parce qu'appliquées de bonne heure au travail, elles reçoivent une nourriture variée et substantielle. De ce qu'elles ont conservé exactement le type primitif, il n'en faut pas conclure qu'elles n'ont pas perdu du côté de l'énergie; or, c'est précisément ce qu'il eût fallu leur rendre en les retrempant dans le sang originel.

On cite et on regrette aujourd'hui la nature de chevaux qu'on connaissait autrefois sous le nom de destriers. Qu'étaient-ce donc que ces destriers sinon les chevaux actuels du Perche, du Boulonnais et de la Bretagne, avec cette même construction énorme, mais avec plus de sang, et partant d'énergie, parce qu'ils étaient moins éloignés de leur origine. Ce n'est pas que ces races n'existassent que dans le Perche ou dans la Bretagne; mais là elles ont été mieux conservées, leur type et leur tempérament s'y sont maintenus plus qu'ailleurs.

Quoi qu'il en soit, le cheval de roulage et de charrette, tel qu'il est dans le Perche, dans la Bretagne, etc., remplit le but que se proposent les éleveurs puisque les consommateurs le recherchent; mais admettons un instant qu'on vînt à introduire en France un cheval propre autant que celui-ci au service qu'on en attend, et moins cher, à plus bas prix que les éleveurs ne peuvent aujourd'hui le céder, il arriverait que le consommateur tournerait au bon marché, et que les éleveurs seraient obligés de renoncer à leur industrie, puisqu'ils ne pourraient plus produire qu'à perte. Or, c'est là ce qui nous est arrivé, ce qui existe, à cette heure, pour le cheval de luxe et pour le cheval de guerre.

Ainsi, veut-on savoir à combien revient l'élève d'un cheval de cavalerie? Le département de la guerre a acheté des poulains pour les élever, voyons ses calculs :

Prix d'achat : 200 fr.

Frais d'écurie, hivernage et herbagement, à 150 fr. par an, pour deux ans et neuf mois : 412 fr. 50 cent.

Frais d'administration, soins, médicamens, à 20 fr. par an, pour deux ans et neuf mois : 55 fr.

Mortalité et réforme, à raison de 11[40, 75 fr. 86 cent.

Portion d'herbagement des poulains morts ou réformés afférente à chaque poulain vivant : 77 fr. 88 cent.

Ainsi, le cheval élevé par l'administration de la cavalerie lui reviendra à 821 fr. 24 cent. à l'âge de quatre ans.

Remarquons que ce prix de revient a été fort discuté dans tous les écrits qui ont paru sur la question, et jugé par beaucoup au dessous de la réalité. Toutefois nous admettons

2

qu'il soit complètement exact : on voudra bien convenir qu'un cultivateur n'élève pas un cheval de cavalerie à plus de 100 fr. au dessous du prix de revient de l'Administration des Remontes. Resteraient donc 700 fr. Or, combien paie-t-on le cheval de troupe français ? de 480 à 750 fr. Ainsi, le cultivateur vend en moyenne son cheval à peine au prix coûtant. Cependant le même cheval, venu d'Allemagne, n'a coûté à élever que 250 fr. Après avoir payé un droit d'entrée de 50 fr. et des frais de route qui ne s'élèvent pas à plus de 60 fr., le cheval allemand revient en France , en somme totale, à 400 fr., c'est à dire à 140 fr. moins cher que le cheval français.

La conclusion est évidente. Là où le cheval élevé en France rembourse à peine les frais de l'élevage, le cheval étranger rapporte encore 140 fr. à celui qui le vend.

Cette différence qui existe entre le revient de nos chevaux de guerre et celui de nos voisins, se révèle encore d'une manière plus sensible dans le cheval de luxe. Expliquons-nous : dans toutes les villes de nos provinces, le luxe recrute la plupart de ses chevaux de cabriolet et de calèche, parmi les chevaux allemands. L'intérêt des marchands les ont introduits en majorité jusque dans les foires qui se tiennent au centre de nos pays d'élèves. Cette concurrence, basée sur le bon marché, n'est pas près de céder au sentiment de la nationalité dans l'esprit du marchand ; cependant elle enlève tous débouchés aux chevaux de luxe que le producteur français serait tenté d'élever.

A Paris, le luxe de premier ordre n'emploie que le cheval anglais. Le cheval allemand vient ensuite. La Normandie n'en fournit qu'un très petit nombre. La mode porte ceux qui peuvent y mettre le prix, à préférer le cheval anglais, qui est aussi plus beau et meilleur. Le prix, pour ceux qui ont des fortunes restreintes, et cependant veulent de l'apparence, leur fait une loi de choisir le cheval allemand. En un mot,

Il y a à Paris des marchands de chevaux anglais, de chevaux allemands. Il n'y a pas de marchands de chevaux normands. De nos autres races on n'en parle pas; elles n'existent plus.

Comment espérer raisonnablement que l'industrie chevaline puisse jamais revivre dans de telles conditions? Le pourrait-elle, ce manque de toute protection la condamnerait à un éternel état d'infériorité. En effet, pendant que nous produisons plus chèrement qu'aucun de nos voisins, leurs produits ont beaucoup plus de valeur que les nôtres; or, pour que nos éleveurs puissent compenser cette plus-cherté, au moins faudrait-il qu'ils produisissent mieux que ne font leurs concurrens; c'est ce qui n'est pas. Pourquoi? parce que leurs agens de production sont inférieurs.

Les crises de la révolution ont nécessairement fait négliger l'élève du cheval, qui résidait surtout entre les mains de la noblesse. Des guerres, avec leurs besoins, ont forcé de recourir au fonds même de reproduction. Quand les jeunes chevaux ont été épuisés, on a dû prendre jusqu'aux poulinières. Les guerres de l'empire, à leur tour, ont rendu l'État exigeant; mais, outre qu'alors nos armées se pouvaient remonter en partie sur un territoire qui ne nous appartient plus, l'empereur qui, en exigeant beaucoup, savait bien que ce ne pouvait être qu'à la condition de beaucoup recréer, avait fait choisir dans le pays les meilleures poulinières et avait augmenté ce fonds d'un certain nombre de jumens et d'étalons arabes, qui devaient donner à l'élève du cheval un nouvel essor; la restauration a donc trouvé le pays ayant fait de grands efforts pour rentrer en possession de ses races anciennement renommées, mais encore dans l'enfance d'une meilleure fortune chevaline. L'engouement des chevaux étrangers dont le luxe s'éprit aussitôt (engouement justifié pour le consommateur, puisqu'il trouvait un cheval tout créé et que le pays ne lui offrait que des races en création), cet engouement contre lequel l'État ne songea pas à protéger l'industrie nationale,

la concurrence à laquelle elle est demeurée livrée sans dé-
fense, ont produit leurs fruits; les espérances qu'on avait
conçues se sont évanouies : les éleveurs ont renoncé à faire
des sacrifices devenus ruineux par l'éloignement du résultat.
Il y avait peu de chevaux de luxe et de guerre en France à
cette époque; aujourd'hui il n'y en a plus. Les poulinières
de sang que l'étranger n'a pas emmenées, se sont trouvées
dispersées par le fait de cet abandon. La restauration a fait
venir des étalons árabes et anglais. Elle a bien fait sans
doute, mais ce n'était pas assez ; il ne suffit pas, pour recréer une race, d'avoir un étalon distingué, il faut que la
poulinière soit pure aussi, car c'est essentiellement par les
poulinières que les races se conservent et s'améliorent.

C'étaient donc des jumens pures qu'il nous fallait; or, l'é-
leveur ne peut pas, ne doit pas faire les frais d'une acquisition coûteuse, en l'absence de toute protection, de toute
garantie d'un résultat à ses efforts et à ses sacrifices. L'industrie n'agit qu'en vue d'un intérêt positif. Supprimez le
bénéfice, il n'y a plus d'industrie ; créez au contraire un intérêt, l'industrie revit à l'instant. Puisqu'il fallait acquérir
des poulinières, pourquoi ne pas accorder des primes con-
sidérables à l'entrée dans le pays? Comme il importait de les
conserver, pourquoi n'en pas prohiber l'exportation ?

Nous devons être instruits à cet égard par ce qui s'est
passé depuis 1823 ; il a été exporté soixante-onze mille chevaux ; on voudra bien nous accorder qu'il y avait des jumens
dans ce nombre. Pense-t-on que l'étranger soit venu nous
prendre les plus mauvaises? Cela ne serait ni croyable ni
sensé? Pense-t-on que cet écoulement ne soit pas fatal au
pays? Certes on ne le croira pas davantage. Alors même que
l'Etat eût adopté les mesures que nous avons dites, il n'eût
encore rien fait s'il ne se fût empressé d'assurer des débouchés certains aux produits de notre industrie à l'exclusion
de l'industrie étrangère.

Sous l'empire, d'un côté, l'exclusion de la production étrangère fut complète en ce qui concernait l'Angleterre (e c'est de là que part la concurrence qui nous est la plus dangereuse), et d'autre côté, la consommation immense des armées, créaient à la fois une protection et un intérêt véritable. C'était là un encouragement puissant.

Depuis 1814 jusqu'à ce jour, les importations ont au contraire toujours conservé un mouvement ascendant, pendant que les besoins se sont constamment amoindris, de là le découragement.

L'initiative que l'Etat s'était décidé à prendre dans la situation critique de l'industrie après la révolution, devait essentiellement tendre à alléger celle-ci des sacrifices et des premiers frais indispensables pour recréer nos races, par conséquent abaisser ses prix de revient, et à conserver les types régénérateurs nécessaires au maintien du tempérament et de l'énergie. Son rôle ne devait pas entraîner le gouvernement hors de ces limites ; car là s'arrête la protection. Or, il n'y a pas que la concurrence qui ne soit pas de la protection ; exercer sur une industrie une sorte de paternité préventive, qui ne veuille pas comprendre qu'il y a un moment où il importe de la laisser user de ses seules forces, ce n'est pas non plus protéger : c'est régir.

Un gouvernement qui veut aider l'industrie, la relever, ne doit arriver à son secours par les moyens matériels qu'après avoir épuisé toutes les ressources qu'il peut faire surgir d'une législation plus favorable. La protection s'arrête là.

S'il intervient par des primes, il fait plus que protéger : il encourage.

S'il fait lui-même, pour mettre à la portée de tous, des agens qui sont au dessus des fortunes de chacun en particulier. C'est là de l'initiative.

S'il ne se borne pas strictement à cette tâche, et s'il

étend son initiative aux ressources que l'industrie peut se procurer. C'est exercer une tutelle.

Enfin, si, possédant les ressources que l'industrie peut acquérir, il les livre au public à un prix moins élevé que l'industriel ne pourrait faire sans perte, l'Etat fait de la concurrence. Il condamne l'industrie à une tutelle incessante, il se condamne lui-même à des sacrifices sans fin. Au lieu d'apprendre l'industrie à se substituer à ses initiatives et à se suffire à elle-même, il la réduit à ne pouvoir jamais produire sans son intervention.

Ainsi, en admettant que la protection fût toute seule incapable de relever l'industrie chevaline, il fallait ne recourir à l'initiative qu'après avoir inutilement employé tous les systèmes d'encouragemens. Mais le contraire a été fait; sur un budget de deux millions, 65,000 fr. seulement, figurent à titre de prime. Le reste est employé à exercer non seulement l'initiative, telle que nous l'avons définie, mais encore à faire subir à la production la concurrence et la direction dont nous venons de voir le mode de procéder.

La possession du cheval de demi-sang par l'Etat, fait partie de ce déplorable système de protection préventive qui arrête tout progrès. En effet, là où l'industrie a un intérêt suffisant elle n'a pas besoin d'être aidée. A-t-elle besoin du cheval de demi-sang? Elle l'aura, elle le peut; mais ne lui faites pas concurrence. Ne la mettez pas dans des conditions telles qu'elle ne puisse le posséder et l'entretenir que d'une manière onéreuse. Ne le frappez pas d'interdit quand il sera dans les mains de l'éleveur, en l'offrant de votre côté à la spéculation.

Cette action de l'Etat a le double inconvénient de n'être pas conséquente avec le but qu'il se propose, et d'être en hostilité avec les intérêts des producteurs.

Quand une industrie cesse d'intéresser ceux qui pourraient s'y livrer, il arrive toujours que les connaissances qu'exige son exploitation décroissent en raison de la désaffection dont elle est frappée. Dans l'état d'abandon où était tombée la production chevaline, le premier besoin de l'éleveur était de recevoir les notions de la régénération qu'on attendait de ses soins. Nous n'avons pas, dans notre langue, de livres élémentaires que l'éleveur puisse consulter; c'était donc le cas de fonder des écoles, de les placer à côté des haras de l'État, de façon à ce que les deux enseignemens se produisissent à la fois, et que la théorie fût constamment sanctionnée par la pratique. Il fallait que les haras fussent des établissemens modèles, et que les écoles fussent rendues accessibles aux jeunes gens qui se seraient destinés à l'élevage du cheval.

N'a-t-on pas créé des écoles spéciales pour les arts et métiers? Les cours n'en sont-ils pas ouverts à tout le monde, depuis l'ouvrier et le contre-maître jusqu'au fabricant? Pourquoi, puisque l'État croyait devoir intervenir en faveur de l'industrie chevaline, pourquoi, puisqu'il en sentait toute l'importance, a-t-il négligé cette première condition de succès, le savoir chez ceux qui exécutent?

Quand on veut bien faire il faut au moins savoir faire; or, c'est ce qui manque essentiellement au pays. Comment, dès lors, s'étonner de l'abaissement de son industrie.

Plus cherté du prix de revient, infériorité des agens de production, défaut de protection et de direction éclairée, manque de connaissances et de principes, tout concourt à destituer l'élève du cheval de toutes les conditions indispensables à sa prospérité.

A qui faut-il en demander compte? Les fautes sont là où est le coupable? Ici nous nous retrouvons sur le terrain où se sont placés MM. de Torcy et Oudinot.

C'est l'Administration des Haras qui a reçu la mission de relever notre industrie chevaline; c'est à elle qu'appartient, selon le général Oudinot, la responsabilité de la pénurie actuelle. Le général l'accuse d'impuissance et d'incapacité. M. de Torcy la regarde au contraire comme très habile et pense qu'elle agit avec un grand discernement sur la régénération.

Accroissez-vous la production, dit le général ? non, car elle est diminuée. L'améliorez-vous ? pas davantage, nos races étaient justement estimées, elles sont aujourd'hui dépréciées unanimement, A quoi ont servi alors quatre-vingts millions que vous avez reçus depuis que vous existez. Intéressez-vous l'industrie à produire ? il n'y a pas plus de trois cent cinquante étalons approuvés. Vous en entretenez vous-mêmes environ neuf cents. Or, il en faudrait quatre mille pour répondre aux besoins du pays. Il y a plus, ceux que vous avez sont loin d'être, en général, de premier choix. Avez-vous imprimé votre direction à l'industrie avec cette fixité de vues si nécessaire au succès ? Depuis 1822, c'est à dire depuis vingt ans, vous vous êtes modifiés dix fois. Dix ordonnances différentes sont venues vous régir. Qu'attendre de fluctuations, de changemens si répétés ? Vous étiez chargés de relever nos ressources chevalines. Or, au lieu de prendre entre vos mains une marche ascendante, elles ont subi un mouvement d'abaissement progressif. Donc vous êtes impuissans puisque vous n'avez pas fait, vous êtes incapables parce que vous n'avez pas su faire.

M. de Torcy nous apprend, d'abord, que nous devons l'Administration des Haras à Louis XIV et à Napoléon. Il déclare qu'il a passé sa jeunesse aux environs du haras du Pin. Il a été frappé du grandiose de cet établissement. Saint-Lô l'enchante ; après tout il confesse que ses yeux sont prévenus. Les étalons lui semblent tous du meilleur choix. Il croit que les poulinières de races abondent et chez les particuliers et dans les établissemens du gouvernement. M. de Torcy n'appuie ses opinions d'aucuns faits ; c'est, dit-il, par une théorie des plus simples qu'il est arrivé à se faire cette haute opinion de l'Administration des Haras. Quelle est cette théorie ? M. de Torcy ne le dit pas. Mais la conséquence est que les plaintes que M. Oudinot émet contre les haras lui semble de celles qu'on est toujours tenté de faire entendre contre toute administration.

Le conseil général d'agriculture, tout en reconnaissant que la production chevaline est dans un état de déplorable détresse, croit que l'administration actuelle est en bonne voie,

M. de Mégrigny, inspecteur-général des haras, pense que tout est au mieux dans l'administration dont il est un des membres dirigeans, ce qui veut dire que M. de Mérigny croit en lui-même.

La commission des remontes est identiquement de l'avis du général Oudinot, et en a fait son rapporteur.

Le comte de Sparre pense qu'hommes et choses, tout conspire à la perte de l'industrie dans les haras actuels.

Enfin, une dernière opinion, celle de M. le prince de la Moskowa s'exprime ainsi :

«Les haras ont échoué dans leur mission. Les ressources du pays, loin de se propager, de s'améliorer, suivent la voie d'une décadence progressive. Il est hors de doute que cette administration a coûté beaucoup d'argent à la France, que cet argent a été fort peu utile, et que dès lors toutes les attaques dirigées contre elle sont fondées, celles de la guerre comme les autres. »

On le voit, les opinions que nous venons de reproduire sont loin d'être unanimes ; mais en mettant en regard ces jugemens divers, nous avons surtout voulu faire connaître les argumens dont ils s'étayent.

Nous avons déjà dit quelles conditions essentielles comportait l'existence de toute industrie. Nous avons démontré que l'industrie chevaline en était complètement destituée. Voyons maintenant comment et par qui cette situation lui a été faite ?

Que si les appréciations varient sur la conduite de l'Administration des Haras, au moins aucune opinion ne saurait méconnaître que c'est elle qui a reçu la mission de relever et de protéger l'industrie chevaline?

Ceci bien convenu, qu'a-t-elle fait pour remplir sa tâche? mais d'abord quel était son but? était-ce de faire le cheval du commerce ou de l'agriculture? Non, puisque ce cheval existait. D'ailleurs, c'est par les races distinguées qu'on influe sur la régénération et non pas par les espèces inférieures. C'était donc le cheval de sang qui est à la fois le cheval de luxe et le cheval de guerre, et aussi la ressource des races communes qu'il lui était commandé de créer. Il y fallait des mesures protectrices de l'industrie nationale, des lois prohibitives de la production étrangère pour assurer des débouchés à la production du pays; il y fallait l'encouragement de primes véritablement rémunératives pour quiconque se fût adonné à l'élève du cheval de pure race, enfin l'exemple de haras modèles et l'enseignement des principes sur lesquels repose la régénération.

Or, il n'existe, dans la législation, aucunes lois aucunes ordonnances qui établissent aucunes prohibitions, ni même aucuns droits sérieux sur les chevaux étrangers à leur importation dans le pays. A qui appartenait-il de les provoquer, si ce n'est à l'administration spéciale chargée des intérêts de la prospérité chevaline? L'a-t-elle fait? Tout le monde sait le contraire.

Quels encouragemens accorde-t-elle à l'industrie? les haras disposent d'un budget de 2 millions. Ces fonds sont-ils employés à doter de primes élevées les chevaux de pure race. Sont-ils distribués de façon à encourager les éleveurs, à posséder des étalons et des jumens distingués. On va en juger. En 1839, l'Administration des Haras avait approuvé un certain nombre d'étalons, quelle prime recevaient-ils? 183 fr. N'était-ce pas un bel encouragement? la même année, il y avait 175 jumens primées. La prime était de 205 fr.; mais l'Administration a pensé que c'était se montrer trop généreuse ; aujourd'hui il y a 350 étalons approuvés à 85 fr., il en est de même des poulinières. On ne s'étonnera donc pas que les primes ne figurent que pour 65,000 francs au budget des haras.

A la vérité, ils ont cherché dans les courses le stimulant pour la production qu'ils n'ont pas voulu trouver dans les primes. Or, il faut s'entendre sur les courses. Sont-elles une épreuve ? Dans une certaine mesure et dans de certaines conditions, nous en convenons. Qu'elles soient un encouragement, nous le nions ! Ainsi, en tant qu'é-preuve, la course telle qu'elle existe n'est qu'un côté de l'épreuve. C'est l'épreuve de vitesse, elle est utile, mais dans l'état de choses actuel, n'a-t-elle pas lieu aux dé-pens du cheval lui-même, et après l'entraînement le cheval peut-il rendre d'aussi bons services qu'avant ? Ex-pliquons-nous : les moyens par lesquels on agit sur le tem-pérament de l'animal ne nuisent-ils pas aux services ulté-rieurs qu'on en attend? Ne compremettent-ils pas les res-sources que l'on cherche en lui. Il est contre le bon sens de penser qu'un exercice d'où doit sortir la connaissance de la valeur exacte des ressources naturelles qu'offre le cheval, puise être obtenu par l'emploi des procédés empiriques et fournir un résultat d'une réalité absolue. Que si, par exem-ple, un cheval a été plus ou moins bien traité, la course n'offrira-t-elle pas plutôt le résultat de la science ou du bon-heur de l'entraîneur que la preuve des qualités de l'animal? L'épreuve pour le cheval ne se réduit-elle pas à une ques-tion de hasard ? Mais n'est-il pas attaché à ce hasard un plus grand inconvénient que celui du prix remporté et sou-vent non mérité ? Nous voulons parler de la ruine des ani-maux, de la destruction de leur constitution physique. Combien de chevaux dont les organes de la vitalité interne ont été ainsi compromis! C'est surtout cependant par les ressources et l'exacte conservation de sa constitution inté-rieure que le cheval se reproduit utilement. Que si la course est considérée comme une épreuve nécessaire, c'est à la condition d'attendre de celui qui aura couru un service profitable à la reproduction. Dans le cas contraire, la course n'est plus qu'un jeu. Elle coûte plus de bons chevaux qu'elle n'en fait connaître, et il en sera toujours ainsi jusqu'à ce qu'on exclue enfin tout ce qui dans l'entraînement agit contre nature sur le tempérament du cheval. Pense-t-on que les races arabes qu'on veut bien reconnaître comme supérieures à toutes les autres, au lieu d'être éprouvées dans les conditions naturelles de leur organisation physique, soient travaillées préalablement par des médicamens et des déperditions de tous genres ? Évidemment non, et c'est pourquoi leur vitesse n'est pas comme celle des chevaux anglais eux-mêmes, acquise aux dépens de fond.

Pour comprendre à quel point les courses doivent peu être considérées comme un encouragement pour l'éleveur, il n'y a qu'à se représenter combien coûte l'éducation d'un cheval de course, et ce qu'il rapporte dans la limite des prix qui sont offerts ; combien de chevaux on détruit avant d'en trouver un qui résiste. Les courses, loin d'être un encouragement, sont l'agent le plus actif de la ruine de l'éleveur. Au reste, on n'a qu'à consulter les noms des personnes qui font courir aujourd'hui sur nos hippodromes. Combien y a-t-il d'éleveurs proprement dits parmi elles. Les chevaux qui courent ont, pour la plupart, été engendrés en Angleterre, et sont seulement venus naître sur notre sol, et encore y sont-ils courus par des jokeys anglais. Maintenant, parmi ces personnes qui font courir, qu'on s'adresse aux plus habiles, à lord Seymour, par exemple, et qu'on lui demande combien il est résulté de producteurs du nombre énorme des chevaux qu'il a mis en course. Certes, nous en sommes convaincus, la réponse que ferait lord Seymour ne serait pas de nature à lui créer des imitateurs ; et cette réponse, tout le monde se la fera. C'est ce qui condamne les courses à n'être jamais un encouragement pour l'éleveur sérieux, et à rester une spéculation entre les mains de quelques hommes riches.

Il ne s'ensuit pas que les courses de vitesse et de fond ne soient des épreuves désirables; mais prenons-les pour ce qu'elles sont, et non pas pour des encouragemens. Sur ce point encore, l'Administration des Haras s'est fourvoyée. Mais enfin, ce n'est pas là que s'épuise son budget. Comment intervient-elle dans la reproduction? Ignore-t-elle que la poulinière joue le rôle principal dans la régénération; dans le cas contraire, a-t-elle propagé la poulinière distinguée? Combien en a-t-elle introduit dans le pays? Mais, dira-t-on, les haras n'auraient pu donner des jumens pures à tous les éleveurs; aussi se sont-ils retranchés dans l'entretien d'étalons, dont ils pouvaient faire profiter tout le monde, soit; quoiqu'il y eût moyen de former un fonds de poulinières bien nées, les haras ne l'ont pas pensé; mais au moins ils ont reconnu qu'il leur était facile d'influer sur la régénération par des étalons. Dès lors, à défaut de jumens de bonne race (et ne perdons pas de vue que le but de l'État était la création du cheval de pur sang), qu'y avait-il à faire? N'employer que des étalons les plus purs, et d'autant plus purs, que les mères l'étaient moins. Qu'a fait cependant l'Administration? C'est par le demi-sang qu'elle a voulu arriver au pur sang. Voilà à coup sûr une étrange leçon donnée aux éleveurs, à qui on demande des chevaux de race pure. Voilà surtout une étrange preuve de capacité. Comment! vous voulez améliorer vos races, et quand vous pouvez disposer du plus, vous préférez le moins. Vous vous laissez prendre à cette grossière erreur, que les jumens sans distinction produisent mieux avec des chevaux de demi-sang, comme si, quand c'est le sang qui manque, on en saurait trop mettre.

De l'alliance du cheval moins pur avec des poulinières dégénérées, il peut résulter un individu plus homogène à l'œil; mais au fond ce n'est là que le rapport des médiocrités, tandis que, du cheval de pur sang, il proviendra toujours un individu qui, avec l'apparence d'un ensemble moins complet, possèdera à un bien plus haut degré la pureté, la vitalité du cheval originel, et qui, en se reproduisant, s'en rapprochera toujours davantage. Meilleur en réalité pour le présent, il sera surtout fécond pour l'avenir.

Mais ce n'est pas votre système, l'ignorance peut conduire l'industrie à préférer le demi-sang, et dans la crainte qu'elle ne s'y trompe, vous avez eu grand soin de le placer dans vos haras côte à côte avec les étalons des meilleures races. En vérité, l'ignorance a pour l'ignorance de touchantes sympathies.

Vous entretenez neuf cents étalons. Combien y en a-t-il de race pure? cent cinquante peut-être. Combien d'arabes et de fils d'arabes? une vingtaine.

Ainsi, ne voilà pas plus de cent cinquante étalons qui soient propres au but que vous vous proposez. C'est donc sept cent cinquante étalons que vous entretenez sans résultat, pour votre mission, et en concurrence avec l'industrie. Chaque étalon vous coûte annuellement 1,400 francs; or, si vous donniez une prime de 700 francs par année, en renonçant à le posséder vous-même, l'industrie s'empresserait de l'acquérir. Ce serait donc une économie de 700 francs par cheval, ou pour sept cent cinquante chevaux 524,950 francs. N'y aurait-il pas là un fonds de primes efficaces pour les poulinières? Puisque vous les avez laissé périr, voilà une bonne occasion de les relever, et dont l'exécution était en vos mains; ne venez donc pas nous dire que vous n'avez pas pu. Vous n'avez pas su ou vous n'avez pas voulu; j'aimerais mieux croire à votre ignorance.

Vous deviez recréer le cheval de pur sang; vous n'avez jugé dignes d'être primées qu'environ deux cents poulinières. On ne fait pas le cheval de race sans poulinières; dès lors, ne deviez-vous pas considérer comme un moyen de salut une économie qui vous eût permis d'en porter le troupeau à six cents, en supposant même que vous eussiez été obligé de les primer à mille francs? Or, qui ne voudrait avoir des poulinières de pur sang, avec l'appât d'une telle prime? Mais loin de là, combien n'a-t-on pas fait d'ordonnances pour spécifier des primés élevées en faveur des jumens distinguées? Quel a été le sort de ces ordonnances?

Pour ceux qui, en vue de mériter la prime, ont acheté dés poulinières bien nées, elles n'ont été qu'un leurre. Vous avez refusé ou accordé des primes sous votre bon plaisir. Votre goût a fait la règle, et votre goût n'avait de guide que votre passion. Ainsi, aux termes des ordonnances, vous auriez donné vos primes à la pureté du sang. Au lieu de cela, dans votre amour pour la taille et pour le volume et l'apparence, vous n'avez primé que ce qui était le plus inférieur sous le rapport du sang. Quand vous avez exécuté les ordonnances, vous les avez faussées; quand vous n'avez pas eu d'intérêt à les fausser, vous ne les avez pas exécutées; de là, le renoncement de l'éleveur à la poulinière de race. Enfin, à Pompadour, à Rozière, à Rhodez, vous aviez des troupeaux de poulinières arabes, élevées sous l'empire à grands frais. Votre science vous a porté à les repousser de vos haras; vous les avez réformées, et ces jumens qui étaient l'espoir de la régénération, ont été livrées au bardeau, et se sont éteintes comme toute la population de pure race du Limousin et de l'Auvergne.

Depuis qu'on vous a fait connaître toute l'importance du pur sang, comment n'avez-vous pas songé aux poulinières en renonçant aux chevaux de demi-sang dans vos haras, et vous contentant de les primer si vous le voulez absolument, quand ils sont entre les mains de l'industrie, même en partageant vos idées sur le demi-sang? Comment n'avez-vous pas pris une mesure qui, en vous permettant de donner une prime de 700 francs, à chacun des éleveurs, qui se fussent rendus acquéreurs d'un de vos étalons de demi-sang, vous eût amené à ce résultat, qu'avec la même somme que vous employez à en entretenir sept cent cinquante, l'industrie en eût entretenu quinze cents.  •

Comment vous ne l'avez pas fait? Disons-le, c'est qu'avec l'augmentation des producteurs, entre les mains de l'industrie, et la réduction de ceux que vous entretenez, il vous eût fallu réduire votre personnel. C'est qu'alors que le pays fera quelques unes de ses affaires lui-même, il voudra bientôt les diriger toutes, et ce n'est pas votre compte. Sous prétexte de diriger les siennes vous ne songez qu'aux vôtres.

Prétendez-vous vous en défendre? Eh bien! voyons, que faites-vous?

Faites-vous le cheval du commerce et de l'agriculture? Non, l'industrie le fait sans vous et l'a fait malgré les croisemens que vous aviez imaginés; et en cela au moins elle n'a pas manqué de jugement.

Vous avez peut-être créé le cheval de pur sang, le cheval de luxe? Mais s'il y en a en France, ils sont tous étrangers.

C'est donc alors le cheval de guerre que vous encouragez. Je le veux bien; mais consultez la direction de la cavalerie, et les achats qu'elle est obligée de faire à l'étranger la mettent en humeur de vous répondre de la bonne manière.

Cependant, en dehors du cheval de roulage, de luxe et de cavalerie, je ne vois pas trop ce que vous pourriez produire en fait de chevaux. A moins que vous ne prétendiez nous faire passer pour tels les bœufs de Durham, dont vous avez enrichi le haras du Pin.

Mais, nous l'avouons, nous ne citons ici que les erreurs de votre gestion; toutefois rassurez-vous, nous sommes tout disposés à en publier le beau côté et à reconnaître que votre personnel absorbe le quart de votre budget. Ne voilà-t-il pas de l'argent bien employé.....

Il y a plus, non seulement cette situation déplorable est votre fait et ne profite qu'à vous; mais l'administration que vous dirigez est organisée de manière à perpétuer cet état de choses. Les garanties qu'elle offrait au public, vous l'en avez dépouillé, les garanties qu'elle devait fournir à l'État, vous les avez fait disparaître, et à cette heure vous en êtes arrivés au point de gouverner en maîtres et d'une manière absolue, une chose dont vous n'étiez que les dépositaires. Je dis que vous avez destitué les haras des garanties que la loi leur imposait envers l'industrie. Ainsi, en 1829, M. le duc d'Escars fit rendre une ordonnance qui créait dans nos départemens d'élèves des comités composés d'éleveurs, où l'inspecteur-général de la circonscription devait toujours être entendu, mais avec voix consultative seulement. Ces comités qu'une ordonnance décrétait, une ordonnance les a-t-elle abrogés? Non. Pourquoi depuis treize ans ne sont-ils pas constitués ?

La formation des comités d'éleveurs présentait deux avantages également importans : d'une part, ils étaient essentiellement propres à éclairer l'État sur les besoins de l'industrie, sur ses intérêts ; d'autre part, toute réunion d'hommes si intéressés à mieux faire, devait avoir pour résultat de jeter des lumières réelles sur la question de répandre le goût des connaissances qui influent d'une manière directe sur la production. Il y avait là pour le pays garantie de bonne gestion pour le présent, et juste espoir d'amélioration pour l'avenir.

Que si des fautes étaient commises par l'administration locale, il y avait voie légale pour en appeler à la direction supérieure. Pour le ministre lui-même, c'était un moyen de contrôle puissant sur ces agens que cette intervention du pays.

L'institution de comités d'éleveurs profitait donc au pays et à l'État, tout le monde y trouvait son compte, excepté ceux qu'elle forçait à faire le bien ou à se retirer avec le poids de leurs fautes. Or, ce sont précisément ces avantages qui vous ont décidés à ne pas donner suite à la loi en l'exécutant. Ces comités étaient la seule garantie efficace qu'on pût donner à l'industrie, mais leur contrôle vous aurait doublement gêné en provoquant la surveillance du pays et en éclairant le ministre. Voilà pourquoi l'organisation des comités d'éleveurs est restée inexécutée. C'était une atteinte à votre omnipotence, vous avez eu le pouvoir de les sacrifier, vous l'avez fait; mais voyons par quelle suite d'empiétations vous êtes arrivés à cette puissance sans contrôle qui vous permet d'anéantir tout ce qui vous déplaît, ou tout ce qui convient aux intérêts publics.

Vous avez fait bon marché des garanties que vous deviez à l'industrie; avez-vous respecté davantage celles dont l'État avait entouré votre gestion? C'est ce que nous allons apprécier.

Quelle était encore votre organisation en 1829; quelle est-elle aujourd'hui?

L'Administration des Haras était gérée par un directeur-général, fonctionnaire tout spécial, responsable, demeurant en dehors des vicissitudes et des mutations politiques. L'autorité supérieure lui appartenait, toute impulsion générale émanait de lui. Sous ses ordres, des agens avec le titre d'inspecteurs-généraux devaient résider dans des circonscriptions formées de nos pays d'élèves. Placés au centre des intérêts de notre industrie, leur mission consistait à rendre compte au directeur-général de ses besoins, comme aussi à signaler la situation des établissemens créés pour l'encourager. Qu'elle fût ou ne fût pas la meilleure possible, cette organisation sincèrement pratiquée n'en était pas moins de nature à prévenir, sinon tous les abus, du moins l'état de ruine complète où nous sommes réduits à cette heure. La concentration de l'action directrice par cela seul qu'elle concentre sur un même personnage toute la responsabilité, est toujours une garantie. La remise de l'autorité supérieure en des mains diverses a, au contraire, l'inconvénient grave de faire peser la responsabilité sur un corps de fonctionnaires, et par conséquent d'y soustraire chacun en particulier. Tout homme qui se sent exposé seul au blâme général, ne se résigne pas légèrement à l'encourir. Il s'éclaire avant de persévérer dans un système qui rend des résultats contraires à ceux qu'il doit produire, ou même qui ne réalise pas ce qu'on en attend. L'intérêt de sa responsabilité est d'accord avec l'intérêt de l'Etat qui n'est autre que celui du pays.

C'était aussi une garantie que cette surveillance d'agens, non intéressés à justifier des fautes qui ne leur pouvaient être personnelles, et sur lesquelles au contraire, leur devoir impérieux était d'éclairer constamment la direction supérieure. C'était une garantie que leur résidence, là où leurs fonctions pouvaient s'exercer utilement. C'était pour l'autorité suprême la certitude de l'exécution exacte de ses ordres par les agens subalternes, le moyen toujours actif de la répression des abus intérieurs.

Cette organisation était rationnelle, l'autorité supérieure, résidant dans la même main, faisait de toutes les fonctions inférieures, autant de spécialités responsables envers elle, d'une gestion et d'un concours, dont elle répondait seule à l'Etat.

Voila ce qui était, mais voici ce qui est :

L'homme spécial chargé de la direction supérieure, a disparu dans le ministre, homme tout politique, par conséquent presque toujours étranger aux connaissances que comporte la matière, incapable, par l'élévation même du poste qu'il occupe, d'entrer dans les soins d'une direction spéciale. Les inspecteurs généraux ont cessé de résider dans les circonscriptions qui leur étaient précédemment assignées, bien que de cette condition essentielle dépendît l'utilité même de leurs fonctions. De là, la fusion du pouvoir dirigeant et de l'action inspectorale, la réunion de la direction et de l'inspection entre les mains des cinq inspecteurs généraux.

Ainsi le même fonctionnaire qui ordonne, est appel

inspecter ce qu'il a ordonné, à contrôler les actes qui sont émanés de lui même, et à signaler au ministre les fautes qu'il a commises.

Le même fonctionnaire, qui se serait rendu coupable d'un abus de pouvoir envers ses subordonnés, serait appelé à recevoir leur plainte contre sa personne, et à en faire un rapport impartial à l'autorité ministérielle ; mais ce n'est pas tout, MM. les inspecteurs dirigeans prendront-ils en conseil des décisions nuisibles aux intérêts de l'industrie ? Les éleveurs voudront-ils adresser au ministre des réclamations ? Que pourra faire le ministre ? s'éclairer, auprès de qui ? auprès du conseil ; mais alors reviendra, pour les intéressés, à en appeler du conseil des haras au conseil des haras lui-même. S'adressera-t-il au chef de la divison des haras ? Mais ce fonctionnaire est lui-même inspecteur général, A qui s'adressera donc le ministre ? N'oublions pas qu'il s'agit de spécialité. Or, qui doit être spécial à ses yeux, et partant capable d'éclairer sa religion et son désir du bien, sinon les hommes qu'il a déjà trouvés en fonctions à son arrivée au pouvoir ? Cherchera-t-il en dehors de son administration centrale des lumières sur les actes qu'elle provoque et accomplit chaque jour ? Il ne le pourra pas ; partout il rencontrera les créatures qu'elle s'est faite, nulle part les élémens du contrôle, même le plus mitigé. Ainsi le ministre lui-même est obligé de renoncer à se faire une opinion autre que celle du conseil, tant la fusion de toutes les parties de l'action administrative, les plus opposées de celles qui régissent, comme de celles qui surveillent, a substitué ce conseil à tous les pouvoirs qui se contrôlaient l'un par l'autre, a fait disparaître, dans son omnipotence, toutes les garanties qu'il importe à l'Etat de se réserver contre tout dépositaire de sa puissance.

En définitive, les garanties que le pays avait reçues dans l'institution de comités d'éleveurs, vous les avez fait disparaître. Les garanties que l'Etat s'était créées par le contrôle mutuel de fonctions diverses en des mains diverses, vous les avez supprimées, en réunissant en vous seuls toutes ses fonctions. Or, ce qui résulte de ces usurpations successives, c'est l'absence de toutes règles, de tout contrôle, de toute responsabilité. Voilà donc ce que vous appelez l'Admininistration des Haras.

L'esprit se refuse à croire qu'au temps où nous vivons, des fonctionnaires aient pu à ce point dépouiller l'Etat et le pays. Cela est pourtant, et il n'a rien moins fallu pour effacer sur notre sol les derniers germes de nos vieilles races françaises. Il ne faut rien moins que la connaissance de votre organisation administrative, pour faire comprendre qu'une œuvre aussi déplorable ait jamais pu être consommée.

Après de tels succès, que vous soyez impatiens de tout ce qui pourrait enchaîner ou même contraindre votre omnipotence, on le conçoit. Que vous ne veuilliez laisser mettre aucun frein aux élans de votre capacité, comment s'en étonner ?

Il n'y a pas long-temps que le ministre des finances, avec le concours des Chambres, est parvenu à vous faire rentrer dans les conditions communes de la comptabilité. Jusque là les sommes provenant des revenus des importans domaines que vous gérez, n'avaient à aucune époque été l'objet d'aucun versement dans les coffres de l'Etat, d'aucun contrôle de la part des agens du Trésor. Cette disposition a quelque chose de normal qui vous déplaît ; vous savez bien que vous pouvez l'éluder, mais enfin c'est déjà un contrôle, et c'est trop.

Aussi voit-on les spécialités habiles qui s'inspirent sans doute des bienfaits que vous avez répandus sur le pays, signaler cette régularité comme un vice sérieux. Mais, malheureusement, le remède ne peut venir que d'une modification législative. En vérité, il fallait bien qu'il y eût en cette affaire quelque chose de plus qu'un ministre, pour vous empêcher de vous y soustraire. Car un ministre, qu'est-ce donc auprès de vous? Dieu merci, vous n'en êtes pas à cela près : quand il s'en trouve et des plus illustres, qui se permettent de voir clair dans le mal que vous faites, on sait comment vous les traitez. Toutefois croyez-nous; vous êtes trop bons de reconnaître aux votes des Chambres quelqu'influence. Passez-vous d'elles, ou que si vous tenez à faire preuve de longanimité et à le prendre plus amicalement, pourquoi n'arrivez-vous pas à la tribune avec la balance des sommes que vous avez dépensées et des succès que vous avez réalisés.

Faites mieux, vous avez un budget qu'elles votent chaque année un peu légèrement, c'est au moins l'opinion du pays; remettez-leur ce budget sous les yeux. Certes, c'est là un document qui militera pour vous d'une manière décisive ; voyez, vous recevez du Trésor 1,940,000 fr. ; votre personnel n'en absorbe pas plus de 560,000; à coup sûr voilà une économie exécutive bien capable de les toucher en votre faveur. Il sera même bon de leur ajouter le montant des fonds affectés à des missions extraordinaires à l'étranger, que vous vous décernez à vous-mêmes, et qui ne figurent pas dans ce chiffre de 560,000 fr. Il est impossible, croyez-nous, qu'elles ne soient pas émues de vous voir ainsi réduits aux expédiens pour augmenter le bien-être général. Mais, à notre tour, que le pays nous entende et qu'il nous dise si nous avons eu tort d'avancer que cette situation ne profitait qu'à vous, et que votre organisation n'avait pas d'autre but que de perpétuer un tel état de choses.

Permettez-nous d'ajouter qu'à plus d'incapacité on n'a jamais réuni un plus grand mépris pour tous les intérêts d'un grand pays.

# CHAPITRE III.

*Des écrits publiés. — Des moyens d'amélioration*
*proposés jusqu'à ce jour.*

Nous avons cru devoir reproduire les opinions contenues dans les écrits qui ont provoqué cette discussion, ou qui l'ont soutenue. Ce que nous voulons avant toutes choses c'est que le pays bien informé se prononce. Sans ménagement pour les personnes et pour les systèmes, comme aussi sans prévention, l'intérêt de l'industrie nous préoccupe exclusivement. La première question à nos yeux est de savoir si les éleveurs laisseront consommer leur ruine. La seconde est de trouver les moyens de remédier au mal qui a été fait. Les publications de MM. de Sparre, Oudinot, de la Moskowa, le conseil-général d'agriculture et la commission des remontes, ont traité des mesures diverses que leurs auteurs ont cru les plus propres à améliorer. Mais nous reprocherons presqu'également à tous ces écrits de ne présenter que des vues partielles, quand ce ne serait pas trop d'un système complet dans son ensemble, pour nous faire entrer et nous maintenir dans une bonne voie.

Le conseil-général d'agriculture propose 1° l'acquisition et l'entretien d'un plus grand nombre d'étalons, et parmi eux quelques uns de nos races de trait les plus pures;

2° De l'augmentation de primes aux jumens de pur sang;

3° L'élévation des prix de courses, considérée comme moyen d'encouragement ;

4° Le développement de l'école des Haras.

Le conseil se borne donc à demander quelques modifications au système actuel, avec de l'argent pour le continuer. Cela est-il en rapport avec les efforts qu'exige l'état de la production ? Evidemment non ; mais au moins quelle en sera l'influence ?

En demandant l'acquisition d'étalons de nos races de trait les plus pures, le conseil-général d'agriculture entend sans doute parler des races bretonnes, percheronnes et boulonnaises. Or, nous l'avons vu, au milieu du dépérissement de notre industrie, les chevaux du Perche, du Boulonnais et de la Bretagne sont les seuls qui aient été conservés sans dégénération ; et cela par le seul fait des éleveurs, et en dehors de l'action de l'Administration des Haras. A quoi bon dès lors la faire intervenir aujourd'hui ? aurait-elle mieux réussi que l'industrie ? Le conseil d'agriculture se plaint quelque part de la paternité préventive de l'Etat qui s'immisce à tout, mais jamais elle ne se serait exercée avec moins de raison. D'une part, c'est vouloir faire sortir les haras de leur mission réelle, et d'autre part, c'est les y provoquer sans nécessité, à propos d'une production florissante, et peut-être à ses dépens. Quant à l'augmentation du nombre des étalons en lui-même, commençons par avoir des poulinières avant d'accroître la quantité de chevaux dont l'entretien est si coûteux à l'Etat. Employons donc nos ressources à les acquérir et à les propager ? Le conseil sollicite collocation d'un crédit plus considérable, appliqué à décerner des primes aux jumens de pur sang. Il a raison cette fois, c'est là une bonne mesure que nous souhaitons voir adopter, et qui serait féconde en utiles résultats ; nous voyons en elle la condition première de tout système réparateur du passé. Mais on ne nous trouvera pas du même avis sur l'élévation des prix de courses, consi-

dérées comme moyens d'encouragement et d'amélioration :
nous l'avons dit ailleurs, les courses ne sont qu'une épreuve,
et dans l'état actuel de l'entraînement, une épreuve préju-
diciable à l'animal qui la subit. L'entraînement ne crée chez
le cheval aucune ressource nouvelle, le plus souvent au contraire il la détruit, il compromet son organisme interne.
Comment dès lors les courses seraient-elles amélioratrices ?
Pour avoir un cheval supérieur il faut en entraîner plusieurs
et faire d'avance le sacrifice de ceux qui ne résisteront pas.
Quel que soit le prix de la course, comment l'éleveur pour-
ra-t-il obtenir la balance des pertes qu'il aura épouvées ? De-
vra-t-il se lancer dans les chances des paris ? Le petit nombre
des éleveurs, parmi les personnes qui font courir, établit
suffisamment que les courses sont surtout du domaine de la
spéculation et du jeu. Elles perdent tout intérêt pour l'élève
du cheval, dès qu'on les soustrait à leur mission d'épreuve.
Ne les considérons donc pas autrement, ce n'est pas l'intérêt
de l'industrie, ce ne serait pas même le moyen d'assurer
leur existence.

La sollicitude du conseil d'agriculture se porte enfin sur
le besoin d'hommes spéciaux ; il pense judicieusement que les
connaissances hippiques doivent être la base de l'admission
aux fonctions dans les haras. Non seulement il approuve la
formation de l'école du Pin, mais encore il réclame en faveur de son développement. Comme le conseil ne dit pas le
contraire, il faut penser que c'est le système qui a présidé à
l'organisation de cette école qu'il prétend continuer. En vérité il faut une grande dose de bienveillance envers les haras
pour ne pas voir combien il est impossible d'attendre, de ce
qu'ils ont fait au Pin, aucuns résultats utiles. Ce qui importe
dans toute école c'est l'enseignement, et on voudra bien convenir que les professeurs influent quelque peu sur son
succès.

Pour n'en citer que deux que tout le monde peut apprécier par leurs actes, disons qu'un M. Gayot, directeur du haras, est le professeur d'hygiène. Or, qu'on lise deux ou trois compilations enrichies de ces appréciations personnelles, et qu'on nous dise qui est plus incapable de celui qui les a écrites ou de ceux qui l'ont nommé. Ajoutons que l'équitation y est confiée à un M. Larive; or, sait-on quel professeur est ce M. Larive? Il y avait, à Paris, un homme qui enseignait l'équitation sur un cheval de bois : c'était ce même Larive. Nous le demandons au conseil général d'agriculture, est-ce là l'art équestre qu'il veut propager?

Quand on veut obtenir la confiance, au moins faut-il ne pas commencer par inspirer le ridicule?

Là se bornent les modifications que provoque le conseil d'agriculture. Dans l'état de pénurie où est l'industrie chevaline, il n'a pas trouvé autre chose à faire, il semble croire que ceci répond à tous les besoins de la situation. En vérité, c'est avec un sentiment pénible qu'on est obligé de reconnaître là l'œuvre d'hommes qui représentent les intérêts de la production chevaline. Quelles inquiétudes ne doit-on pas éprouver en voyant l'industrie agricole livrée à de pareilles spécialités?

Le rapport de la commission des remontes n'entre pas dans l'explication des moyens à prendre pour la régénération de nos races; mais la brochure du général Oudinot, son rapporteur, supplée à ce silence. Le général propose, avant tout, de faire passer les haras dans les attributions du département de la guerre. Ce n'est pas nous qui pouvons répondre des avantages de cette mesure; c'est le système que la guerre adoptera qui en fera une décision heureuse pour l'industrie ou une décision tout-à-fait indifférente, selon qu'il sera bon ou mauvais. Ce qui importe à l'industrie c'est qu'un bon système soit adopté, qui la relève et améliore sa situation; qu'il lui vienne de la guerre il sera le bien venu.

Maintenant, quels sont les moyens par lesquels la Guerre

se propose de venir au secours de l'industrie ? Étalons anglais et arabes, saillie gratuite, achats et élève de poulains. Entretien de haras, poulinières anglaises, achats de chevaux aux éleveurs combinés de façon à encourager la production de chevaux de race, remonte exclusive des armées en France.

L'entretien d'étalons anglais et arabes, et surtout arabes, est, à coup sûr, un moyen puissant, mais à la condition qu'ils soient de pure race. Le général dit lui-même qu'en fait de production il faut viser au mieux pour obtenir même le médiocre. Nous sommes complètement de cet avis, et nous regrettons que les actions de l'Administration des Remontes ne répondent pas complètement à ce langage ; ainsi elle a envoyé chercher, en Syrie, des étalons arabes, cela est bien ; mais elle fait acheter, en Angleterre, des chevaux de demi-sang. Pourquoi ?

A ne la prendre que par ses propres paroles, il faut croire que c'est pour obtenir le mauvais à l'aide du médiocre.

Les haras nous ont cependant mis en situation de n'avoir pas besoin d'aller en Angleterre pour un tel résultat.

Notre opinion n'est pas que l'État doive fournir la saillie à l'éleveur ; mais, comparée à ce qui se fait aujourd'hui, la saillie gratuite, si les remontes l'entendent de manière à en faire un encouragement au seul pur sang, serait une mesure utile ; il faudrait faire un choix même parmi les poulinières de race. Que si, au contraire, on la donnait sans restrictions sévères, on retomberait dans la faute des haras, on ferait à l'industrie une concurrence d'autant plus funeste que, pour cette fois, on n'y mettrait aucun prix, partant aucune limite.

Le producteur trouverait dans l'achat des poulains un avantage très réel. Ce qu'il préfère aujourd'hui dans l'élève du mulet, c'est précisément cette facilité à s'en débarrasser après le sevrage. En lui offrant le même avantage pour le cheval, on l'amènera à le préférer à son tour, parce qu'il le vendra plus chèrement. En même temps l'État pèsera sur la

régénération d'une manière utile, puisqu'à l'âge où il ac-
querra le cheval, c'est surtout la naissance qui devra guider
son choix ; que si on prétendait voir dans cette intervention
une concurrence fâcheuse pour l'industrie, il serait facile de
le réfuter. En effet, l'Etat ne ferait pas naître, il achèterait
aux producteurs, et se bornerait à élever. La différence ne
serait donc que dans l'époque de l'achat. Reste à discuter si
l'élève du cheval par l'Etat est ou n'est pas avantageux à l'Etat
lui-même. Ce n'est pas notre affaire ; mais, en n'élevant
que dans des pays essentiellement propres à l'élève du cheval (dans le pays natal), et non pas à Rochefort, comme on
l'a dit, il sera peut-être aisé de résoudre avec succès la question pratique. Il nous suffit, à nous, qu'il y ait profit pour
l'industrie.

Si l'Administration de la Cavalerie se substitue à l'Administration des Haras, il faut bien qu'elle entretienne
des haras. Qu'elle ait des jumens anglaises, nous le voulons,
mais pourquoi pas plutôt des jumens de race arabe. Si la
guerre ne veut pas avoir des jumens pures, elle ne fera rien
de bon pour le pays. Un haras ne doit produire que des chevaux de reproduction et non pas de consommation commer-
ciale. Que si elle entretenait des haras dans les conditions
où se trouve celui de Saumur, tant pour la qualité des poulinières en général que pour la nature locale, elle ne saurait
certes se promettre de grands résultats. Que le haras de Saumur soit d'une utilité incontestable pour l'instruction des
élèves de l'Ecole de cavalerie, nous le reconnaissons ; mais
autre chose est un haras destiné à fournir des enseignemens
expérimentaux et un etablissement ayant mission d'entretenir et de perfectionner les races pures.

Les remontes d'officiers par la direction de la cavalerie lui
permettraient d'influer sur l'élevage des chevaux distingués,
par des achats basés sur le plus ou moins du sang. La Guerre
le veut faire, elle a raison ; mais en même temps elle se
doit décider à n'admettre dans la cavalerie aucun cheval

étranger. Ce sont les intentions dont elle est animée ; et leur application éclairée ne peut manquer d'entraîner des résultats avantageux à l'industrie ; mais une lacune capitále paralyserait tout ce qu'on pourrait se promettre du zèle des hommes honorables qui font partie de la commission des remontes. Cette lacune est l'absence , dans le système de la guerre , de toute protection de l'industrie nationale considérée dans toutes les variétés de sa production chevaline. C'est là la faute des haras ; or, si la Guerre veut mieux faire qu'ils n'ont fait , son premier soin doit être de ne pas les imiter dans les défauts de leur longue gestion.

Si le département de la guerre prend la direction des haras , il faut qu'il initie le pays au système qu'il compte suivre. La confiance qu'il lui importe d'inspirer est à ce prix. Or , jusqu'à présent elle a de bonnes intentions , mais fussent-elles appliquées, elles seraient loin de suffire à l'œuvre qu'on se propose d'accomplir. On sait bien que la Guerre ne fera pas plus mal que les Haras , mais fera-t-elle mieux ?

Le général de Sparre s'est élevé contre l'élevage des poulains par les haras militaires. Il pense que l'État perdra à ce mode d'encouragement, que le cheval lui reviendra à un prix plus coûteux. Bien que nous ne nous soyons pas proposés de traiter les questions qui ne touchent qu'aux intérêts de la Guerre, nous n'hésiterons pas à dire qu'il ne faut pas s'effrayer si fort de cette entreprise de l'Administration des Remontes. Il n'est pas difficile d'observer l'économie la plus stricte dans un service dont les employés et ses sous-ordres ne coûtent rien , puisqu'ils seraient payés également s'ils étaient sous les drapeaux. Que si le prix de revient des animaux ainsi élevés était plus considérable , il ne faut pas oublier que chaque année les prix des remontes augmentent, et qu'à cette heure même on engage la Guerre à les hausser encore. Que cette hausse soit absorbée par l'élevage ou par le prix d'achat au producteur , qu'importe au Trésor ? La

Guerre ne doit donc consulter que ce qui convient le mieux à l'industrie ?

Sur tous les autres points soulevés par le marquis Oudinot, M. de Sparre professe des opinions entièrement conformes à celles de son collègue. Nous ne pourrions donc que répéter ce que nous avons déja dit des mesures provoquées par l'écrit du général.

Une brochure dont nous n'avons pas encore parlé, critique tout ensemble la publication de M. Oudinot et le rapport de M. de Morny au nom du conseil général d'agriculture. Cette brochure est de M. de Curnieu, or, que dit M. de Curnieu ? Il s'engage dans son introduction *à faire sentir, d'une manière superficielle, les dangers de tout bouleversement, et la possibilité du progrès.* Voilà qui est bien, et M. de Curnieu n'y manquera pas, *car il suivra pas à pas chaque opinion, chaque principe, chaque projet, et résumera ce qu'il y aura trouvé de bon*; mais ce n'est pas tout, M. de Curnieu y *mettra du sien.*

Nous ne suivrons pas M. de Curnieu pas à pas; mais quand il dira par exemple que l'élève des chevaux a fait trop de progrès en France depuis vingt ans, pour que le passé puisse léguer un exemple au présent, nous lui demanderons de quels progrès il entend parler, si ce sont de ceux qu'ont fait les éleveurs. L'état de dégénération de nos chevaux lui répond assez victorieusement. La disparition de nos races si renommées, est à coup sûr une assez bonne preuve de la supériorité actuelle sur le passé. Est-ce là ce que veut dire M. de Curnieu ? Alors ce serait la première fois qu'on appliquerait le mot progrès à l'art de se ruiner. Si c'est ainsi qu'il l'entend, l'invention lui en appartient. Si par ce progrès il veut exprimer l'état de l'élevage du cheval dans les haras du gouvernement, quel progrès que celui qui porte le revient d'un poulain à 1,400 fr. par an ? Serait-ce là encore un de ces progrès que M. de Curnieu espère voir imiter par

l'industrie? C'est avec ces découvertes de nourriture exagé-
rée, pour obtenir chez le cheval une précocité bien inutile,
que les haras effraient les éleveurs. Or, il n'y aurait que
M. de Curnieu qui verrait là un succès. Le producteur qui
élèverait un cheval de cette manière en l'excédant de nourriture, ne pourrait le vendre ; quel consommateur voudrait
s'engager à lui continuer un pareil cours de gastronomie
granivore ? Pour tout le monde une telle façon d'élever est
le progrès de la destruction.

M. de Curnieu fait maintenant le compte des éleveurs; selon lui, sur un nombre de produits, quelques uns occasion-
nent une perte; quelques autres rendent à peu près ce qu'ils
coûtent. Le petit nombre, enfin, doit, par son haut prix,
compenser les pertes et donner le gain. Qui paie ces derniers,
dit-il, est le seul qui encourage, et comme la guerre ne
peut y arriver, elle n'encourage pas. A la bonne heure ;
mais M. de Curnieu voudra-t-il nous dire ce qui adviendra
de l'éleveur, si on ne lui achète que ses produits de haut
prix?

M. de Curnieu pense encore que *l'achat du poulain est
plus difficile pour les remontes que pour l'éleveur; qu'un poulain
acheté par lui, particulier, devienne grand, petit, léger ou fort,
il n'a qu'a l'observer et à le consacrer au service pour lequel il
a le plus d'aptitude, parce qu'il y a toujours quelque chose à
faire d'un cheval*, tandis qu'il en sera tout autrement, si c'est
la guerre qui l'achète. Ne voilà-t-il pas une observation bien
savante ! comme si l'armée n'employait pas toutes sortes de
chevaux pour services divers, comme si le cheval de cavalerie légère était le même que le cheval de dragon ou de cui-
rassiers, ou de l'artillerie, ou des équipages du train. M. de
Curnieu craint que la Guerre ne soit obligée d'en beaucoup
réformer, faute d'avoir à les employer selon leur aptitude ;
de deux choses l'une : cependant un cheval est propre à la
selle ou au trait. Hors de là nous ne savons pas quel usage

M. de Curnieu peut faire de ses chevaux; l'administration de la guerre n'a, elle, que ces deux emplois à leur donner; jusqu'ici on a cru que cela suffisait; mais éclairez-nous de grâce moins superficiellement.

Après cela cependant, M. de Curnieu ne parle pas sans preuves de ces réformes de la cavalerie : un cheval digne de tout intérêt a été réformé, parce qu'il donnait des coups de pied. M. de Curnieu l'aurait gardé, lui; mais la cavalerie en agit plus légèrement. Elle n'a pas d'emploi pour ces sortes d'aptitudes.

M. de Curnien croit encore que, dans le midi, il meurt cinq poulains sur dix, depuis l'âge de dix-huit mois, jusqu'à cinq ans, et que, dans la Charente, il en périt six. Que dire à cela? sinon, que M. de Curnieu est bien bon d'en sauver quatre ou cinq, quand il pourrait les tuer tous d'un trait de plume.

Où M. de Curnieu a-t-il pris que la Corrèze, la Creuse et la Bretagne ne soient pas des pays favorables à l'élève du cheval? Et en vertu de quelles observations superficielles semble-t-il considérer le département de l'Oise comme l'Eldorado de l'espèce chevaline?

*On commence à savoir que l'art des croisemens consiste non pas à reproduire exactement le type donné, mais à combiner les qualités différentes, souvent même contradictoires du père et de la mère avec les résultats probables de l'influence du climat, pour obtenir un produit totalement différent de l'un et de l'autre.* C'est M. de Curnieu qui dit cela, et c'est nouveau. Comment! quand vous avez recours à un type ce n'est pas pour le reproduire, quand vous avez recours à un cheval arabe, c'est pour obtenir un poulain d'espèce suisse. Nous avions cru jusqu'à présent que l'art consistait au contraire, pour obtenir un bon cheval de course par exemple, à allier un cheval et une jument possédant à un haut degré les mêmes qualités de la course et dans la même forme.

Nous avions cru qu'en opérant un croisement (le croisement
est l'alliance de deux natures différentes), on avait surtout
en vue de remédier à un défaut chez un des deux individus,
par la qualité opposée chez l'autre; mais alors c'est sans
doute pour que le produit ressemble à quelqu'un des deux,
et même à tous les deux, et non pas pour qu'il ne ressemble à rien. Avant toutes choses, dans notre naïveté nous
n'avions pas saisi à quel point l'art des croisemens est voisin
de l'astrologie; nous préférions l'art d'assimiler les dispositions, les formes et les tempéramens, et nous ressentions
moins de goût pour l'agglomération des conditions disparates
que pour l'accord des qualités semblables.

Ce n'est pas la faute de M. de Curnieu, s'il ne convainc pas,
il y met tous ses soins : croyez-en mon expérience, s'écrie-t-
il ! Certes, c'est séduisant !

Mais voyons le dernier mot de M. de Curnieu ; il reproche
à l'élève actuel du cheval ses tendances agricoles, il pense
qu'il y a assez de cultivateurs, tandis qu'on manque d'é-
cuyers. Il considère l'équitation comme le meilleur agent
d'amélioration des races.

M. de Curnieu n'y songe pas. Quoi de plus important pour
l'élève du cheval que la bonne agriculture ? L'hygiène en dépend, et de l'hygiène dépendent la santé et le développement
du cheval. L'agriculture vient au secours de l'infériorité du
sol; en un mot, le cultivateur crée le cheval et l'écuyer ne
fait qu'en user.

Nous ne nions pas qu'il importe de savoir monter à cheval,
que ce ne soit une condition du goût des chevaux ; mais penser que l'équitation est la clé de l'amélioration de nos races ;
faire d'un accessoire le principal, cela s'appelle, dans tous
les pays du monde, mettre le char devant les bœufs.

Passons maintenant à l'examen d'un ouvrage plus important, et à notre gré le meilleur de tous ceux qui ont été
écrits sur la matière.

« Très indifférent dans ces conflits de deux ministères ri-
vaux, je fais des vœux, dit M. le prince de la Moskowa, pour
que celui-là des deux l'emporte qui serait à même de doter
enfin la France, par des procédés quelconques, des races
de chevaux qui lui manquent, des espèces surtout propres à
la cavalerie. » C'est là comprendre la question à son véritable
point de vue. Qu'importe au pays d'où vienne le bien pourvu
qu'il vienne. M. le prince de la Moskowa professe un bien
autre intérêt que celui des attributions ; c'est l'intérêt du
pays, de l'industrie, de la création de races françaises. Or,
c'est là ce qui nous plaît dans son ouvrage.

Nous avons déjà reproduit son opinion sur le succès de
l'Administration des Haras, dans l'accomplissement de l'œuvre qui lui était confiée. Mais M. de la Moskowa ne pense pas
que la guerre soit plus heureuse, parce que, grâce à l'Administration des Haras, *il ne s'agit plus*, dit-il, *d'améliorer nos
espèces chevalines françaises propres à la selle, car ces espèces
n'existent pas ; il s'agit de les créer.* Il est vrai que la difficulté
de la tâche que la Guerre accepterait serait immense, mais
de ce que le mal est d'une gravité extrême, faut-il que personne n'essaie d'y remédier ? Nous savons bien que M. de la
Moskowa veut que l'industrie fasse ses affaires elle-même ;
mais nous voulons plus, nous voulons qu'elle soit aidée,
nous croyons qu'elle peut l'être efficacement. Quand on a
ruiné les gens, il est un peu tard pour leur dire faites vos
affaires vous-mêmes. Cette divergence d'opinions entre M. de
la Moskowa et nous, part d'un principe fondamental : ainsi,
M. de la Moskowa ne voit de causes aux fautes des haras, que
*l'inconstance dans les méthodes, l'instabilité dans les fonction-
naires, et l'ignorance chez beaucoup d'entre eux, des connaissances
réclamées dans la plus grande partie des places qu'ils occupent ;*
nous convenons de tout cela, mais il y a une cause du mal qui
domine toutes celles-ci, nous produisons plus coûteusement
que nos voisins ; pourquoi ne sommes-nous pas protégés par

la législation, comme toutes les autres industries ? pourquoi permet-on l'introduction des chevaux étrangers à un taux qui constitue l'éleveur du cheval français en état de perte. Ce qu'on fait pour toutes les productions inférieures par le prix du revient, aux productions étrangères, pourquoi les haras ne l'ont-ils pas provoqué en faveur de l'industrie chevaline ? Sa brochure n'en dit pas un mot ; mais M. de la Moskowa ne peut pas, ne peut point avoir entrevu cette cause première de la pénurie actuelle. Qu'il dise que la Guerre doit au public de lui exposer ses vues, et d'indiquer quel système sera le sien, si elle succède aux haras. Nous partageons entièrement cet avis, nous avons tous besoin de savoir à qui nous aurions affaire. La Guerre a des élémens de succès dans les mains, elle a de bonnes intentions, mais cela ne suffit point. Ce n'est pas avec quelques améliorations partielles qu'on réparera les fautes du passé. M. de la Moshowa le sait, et il en tire cette conclusion trop rigoureuse, que l'État est incapable de produire un bien réel. Cette opinion prend aussi sa source dans une erreur qui a conduit M. de la Moskowa à penser que M. Oudinot voulait rendre l'État producteur. Or, ce n'est pas exact, le général ne veut pas que l'État fasse naître autrement que pour l'entretien de familles types, trop coûteuses pour l'industrie, et nécessaires à la conservation du sang originel.

M. de la Moskowa établit ensuite avec une grande précision l'impossibilité où est le gouvernement d'entretenir tous les étalons nécessaires à la reproduction. Nous pensons avec lui qu'à part quelques étalons de pur sang, l'État doit engager l'industrie à avoir ses étalons, et n'en point entretenir lui-même.

Venons aux moyens que M. le prince de la Moskowa propose pour l'accomplissement de la régénération de nos races :

1° Des règlemens restrictifs du gros roulage à deux roues, des charrettes, de façon à paralyser l'usage de ces voitures.

2° Que le gouvernement abdique toute participation directe à l'élève des chevaux ; qu'il consacre la totalité des allocations que le budget lui accorde à des encouragemens à l'industrie.

Sur la première question, nous pensons comme M. de la Moskowa ; mais ce ne saurait être là une mesure immédiatement praticable d'une manière absolue, l'état de nos routes communales ne permet souvent pas l'usage des voitures à quatre roues, et c'est une œuvre longue que la réparation de ces voies de communication. C'est un résultat éloigné, et c'est actuellement qu'il faut venir au secours de l'industrie. Mais enfin la mesure est essentielle ; qu'on en gradue la solution, mais qu'on y arrive, tout le monde doit le vouloir.

Que le gouvernement se fasse éleveur par spéculation, nous n'en sommes pas d'avis, mais comme encouragement, nous avons dit déjà dans quels cas nous l'approuvions. Maintenant que l'allocation accordée à l'Etat par le budget des haras soit distribuée en encouragemens, nous le souhaitons vivement ; mais il y a manière : à nos yeux les courses ne rempliraient pas ce but. M. de la Moskowa, selon nous, est à ce sujet dans un grave errement. Nous renvoyons au passage de cet écrit où nous avons déjà traité cette question. Sur la nécessité de primes au pur sang, de l'élévation du prix d'achat des chevaux de l'armée et de la conservation des dépôts de remonte, on ne saurait avoir une autre opinion que celle du prince de la Moskowa.

De l'état de pénurie où nous a réduits l'Administration des Haras, l'honorable président de la Société d'encouragement conclut qu'il faut entreprendre immédiatement la liquidation de cette trop longue gestion ; qu'il faut l'entreprendre dans un esprit de transition avec le but, de la part de l'Etat, de se retirer partout devant les forces croissantes de l'industrie. Or, personne n'a encore dit si juste et si vrai que M. le prince de la Moskowa. Bien que nous différions sur plusieurs

points et que sur toutes choses nous retrouvions trop souvent en lui le membre du Jockey-Club aux dépens de l'industriel, nous n'hésitons pas à dire que nul des écrits publiés
récemment n'est meilleur à consulter et n'offre plus de con-
sidérations qui méritent d'être adoptées.

Au moment où nous écrivons ces lignes, on nous communique une brochure de M. Dittmer, inspecteur général,
chef de la division des Haras au ministère du commerce. C'est
à M. le général Oudinot, personnellement, que s'adresse
ce haut fonctionnaire des Haras ; il est donc évident, tout
d'abord, qu'il ne s'agit ici que de la question d'attributions ;
aussi bien M. l'inspecteur général n'avait pas besoin de
nous dire que c'est celle-là seulement qui lui importe. Ce
n'est pas nous qui en douterons jamais, et nous comprenons
bien que vous ayez mis au service de votre position les traits
les plus acérés de cet esprit dont vous vous êtes montré plus
d'une fois prodigue moins avisé sur plus d'un théâtre.

Cependant, Monsieur, que de modestie, que d'humilité
dans votre début ! Vous aurez peut-être peine, dites-vous, à
être du même avis que l'honorable général sur tous les points ;
mais vous lui demandez la permission de lui soumettre vos
doutes. Eh bien ! Monsieur, quels sont ces doutes ? Vous
dites en fort bon style à M. le général Oudinot, que la
meilleure manière de témoigner à un auteur la considération qu'on lui porte, est de lui prouver qu'on a lu son ouvrage. D'un autre coté, vous faites profession d'une douleur
si sincère de ne pas partager toutes ses opinions, non plus
que de ne voir pas de même œil tous les faits qu'il a cités,
qu'en vérité il y aurait conscience à ne pas vous rendre le
repos au moins sur plusieurs de ces points de dissentiment.

Ainsi, Monsieur, la France manque-t-elle de chevaux
pour remonter sa cavalerie ; c'est l'opinion de M. le général
Oudinot, c'est aussi la nôtre. Ce sera la vôtre à n'en pas
douter quand vous aurez examiné au fond tout ce qu'il y a

de spécieux dans les allégations qui font la base de votre jugement? Vous avancez, par exemple, sur la foi d'une statistique de M. Moreau de Jonnes, qu'il y a plus de chevaux aujourd'hui que la France de l'empire n'en possédait. En général nous n'avons pas une confiance si grande dans les statistiques : quoi qu'il en soit, à cause de vous nous voulons bien accepter celle-ci; mais s'il y a plus de chevaux en France (occupons-nous d'abord du nombre), est-ce l'habileté des haras qui en est cause? N'est-ce pas plutôt que l'empire succédait à dix années de guerre, et vous êtes trop homme de bien pour ne pas convenir qu'on tue des chevaux à la guerre, tandis que vous succédez, vous, à trente années de paix. Ensuite, s'il y a plus de chevaux, n'est-ce pas un peu qu'on en importe davantage. Nous vous accordons donc bien volontiers l'accroissement du nombre, mais la qualité, Monsieur, la qualité, je vous prie, est-elle aussi dans une progression ascendante. Or, M. le général Oudinot ne vous dit pas qu'il n'y ait pas de chevaux, mais seulement qu'il n'y a pas de bons chevaux. Examinons un autre renseignement sur lequel vous vous appuyez, pour établir qu'il n'y a pas pénurie, que la France se suffit. Depuis dix ans il a été exporté quarante-quatre mille six cent quatre-vingt-onze chevaux. Pourquoi ne pas nous donner en regard le chiffre des importations? Prenez garde, Monsieur, voilà un étrange oubli, d'autant plus regrettable qu'il cause un dissentiment qui vous afflige fort. Nous vous rendrons, nous, le service de vous apprendre que, depuis vingt ans, l'exportation s'est élevée à soixante et onze mille chevaux environ, et l'importation à trois cent quarante mille : que dites-vous de cela?

Puis, voyez de grâce où l'on va en ne se rendant pas un compte exact des choses? Ainsi, vous êtes si convaincu que tout est pour le mieux, que vous ne pouvez attribuer qu'à un complot les attaques dont votre administration est l'objet. Le général Oudinot ne doit pas se plaindre du mot, bien

qu'il soit un peu dur ; c'est au contraire le lieu de vous rendre, Monsieur, toute la justice que vous méritez. Ce n'est
pas sans combat de votre jugement à votre conscience, que
vous vous décidez à prononcer un mot que vous sentez bien
devoir être une bonne calomnie ; ici nous aimons à vous le
dire, l'honnête homme perce tout entier.

Toutefois ayez plus de confiance en votre bonne foi qu'en
votre habileté ; car examinez la conséquence ; après les bien
faits de votre gestion, quelle ne doit pas être l'autorité de
vos paroles sur le pays ? Vous vous rétracterez sans doute ;
mais jusque là, voilà la France toute entière émue par la
nouvelle de cette grande conspiration contre un homme
qui lui est si cher. Ah ! Monsieur, que votre probité doit
souffrir !

Passons à la seconde partie de vos doutes. Les Haras de-
vaient-ils combiner leur action avec les nécessités militaires !
Les Haras, selon vous, ont été établis en 1808 pour remédier sous le rapport hippique à la division des propriétés,
et à l'insuffisance des fortunes particulières. Voilà bien le
mal : mais dans quel but voulait-on y remédier ? C'était sans
doute pour un résultat ; or quel résultat importe à l'Etat en
fait de production chevaline ? Ne pensez-vous pas que c'est
l'obtention de chevaux propres à la cavalerie ? Quand l'empereur à créé les Haras, croyez-vous qu'il n'eut pas surtout en
vue le développement de cette production, si essentielle à
l'indépendance de l'Etat ? Allons, Monsieur, nous sommes
bien certains que cela est trop clair pour ne pas vous ranger
à l'opinion de M. Oudinot.

Mais voyons vos assertions : vous affirmez, page 11, ligne
13, que pour faire naître 250,000 chevaux il faut faire saillir
600,000 jumens. Ah ! mon Dieu ! si vous savez ce que vous
dites, voilà une chose déplorable ! Heureusement nous sommes en mesure de vous certifier que ce calcul n'a jamais été
démenti que par les faits. Si par hasard vous avez jamais eu

six jumens à vous, refaites vos calculs et vous verrez qu'en moyenne vous avez eu toujours quatre jumens suitées; si vous ne l'éprouvez par vous-même, Monsieur, ce ne sont pas vos collègues qui vous l'apprendront. Mais vous avez une école pour l'enseignement des connaissances hippiques, allez-y, on doit y savoir cela.

Quant à l'Administration des Remontes, vous essayez de prouver qu'elle a fait des fautes. Nous ne vous contredirons pas, et vous établissez fort bien que vos principes ont eu de l'écho; mais enfin, si vous aviez accompli votre mission, la guerre n'aurait pas été obligée de dépenser recemment vingt millions à l'étranger, et en présence d'une guerre probable.

*Troisième point de dissentiment.* L'Autriche remonte-t-elle sa cavalerie au moyen des haras militaires?

M. Oudinot croit que les haras autrichiens sont militaires (qu'importe à l'industrie que les haras d'Autriche soient militaires ou non). Cette fois vous avouez, Monsieur, que vous n'en savez pas si long, mais vous n'êtes pas muet pour si peu. Qu'on s'adresse, dites-vous, à M. de Champagny, inspecteur-général des haras de France. A la bonne heure, et comme si vous pressentiez qu'on n'aura pas une grande confiance en M. de Champagny, vous nous le recommandez de la bonne manière.

Quoi! le témoignage de ce M. de Champagny vaut le témoi-gnage de toutes les commissions possibles! Cela ne nous étonne pas; et s'il est vrai, comme on l'assure, que ce soit lui qui ait introduit dans votre école du Pin l'auteur de l'enseignement équestre sur des chevaux de bois, permettez-nous de lui témoigner notre reconnaissance au nom de tous les pères de familles, pour l'application d'une méthode si rassurante. En vérité il n'y a que dans votre administration que l'on trouve des gens de ce mérite.

*Quatrième point de dissentiment.* La Guerre assurerait-elle mieux que les Haras les remontes de la cavalerie?-La Guerre ferait-elle mieux que les Haras n'ont fait jusqu'à ce jour?

Vous vous étonnez, Monsieur, qu'on trouve, dans les plaintes de Bourgelat et de Bohan, un caractère frappant d'actualité. Vous êtes étonné de ce qu'elles semblent à M. le général Oudinot inspirées par la situation présente. N'y aurait-il pas lieu d'être surpris, au contraire, qu'il n'en fût point ainsi? L'abandon du cheval de pure race, qui amenait à cette époque le dépérissement de nos espèces, a été de notre temps la cause de leur extinction et est encore aujourd'hui l'obstacle absolu qui paralyse leur régénération. Puisque la même cause s'est perpétuée avec des effets toujours plus graves, comment les mêmes plaintes ne subsisteraient-elles pas avec plus d'intensité? Si elles étaient exagérées alors, elles sont peut-être aujourd'hui au dessous de la vérité.

Que vous ne soyez pas de cet avis, cela est tout simple. Aussi vous écriez-vous : « Général, passons au déluge. » Calmez-vous, je vous prie ; ce serait là, croyez-moi, une recherche infructueuse. Nous craignons bien que l'espèce de chevaux que vous faites fleurir en France n'aie pas été recueillie dans l'arche de Noé. On n'était pas si habile de ce temps-là.

M. Oudinot accuse votre administration d'instabilité ; voilà une bonne occasion de le réduire à vous demander grâce. Nous sommes tout disposés à nous réjouir de vous voir enfin une fois d'accord avec la vérité. Vous êtes vrai, Monsieur, et le général vous calomnie indignement. Non, vous n'avez pas été modifié dix fois en vingt ans. Non, et l'ordonnance d'octobre 1823 n'était relative qu'à un changement de bureau. Ainsi reste à neuf ; neuf fois en vingt ans, au fait, c'est peu de chose. Pour le coup le général Oudinot a grand tort ; et, de vous à moi, ceci me donne de lui la plus mauvaise opinion. Je vous plains, Monsieur. A quels gens, grand Dieu, vous avez affaire !

M. Baude, ancien sous-secrétaire d'État de l'intérieur,

était de cet avis que les Haras fussent réunis à la Guerre.
Or, les Haras étaient alors sous sa direction. Voilà une opinion qui n'est pas de votre goût. Aussi n'épargnez-vous pas
l'ancien sous-secrétaire d'État. Vous vous égayez beaucoup
de ce qu'on vous métamorphose un homme de loi en homme
de cheval. Mais, vous-même, êtes-vous donc bien sûr d'être
un homme de cheval. Vous conseillez à M. Baude de rendre
des arrêts au conseil d'État; ne pourrait-on pas bien vous
conseiller de faire des proverbes? Toutefois, ce n'est pas
nous qui vous donnerons ce conseil; ce que vous faites vous
rapporte 12,000 fr. par an, et nous ne sommes pas assez
certains que l'on tirât ce parti de vos proverbes. Vous êtes
assez bon, Monsieur, pour faire à M. le général Oudinot un
cours de principes ; nous ne doutons pas qu'il ne vous en sa-
che bon gré ; mais où prenez-vous, par exemple, qu'il y
aurait un grand inconvénient à monter les étalons dans un
manége. Puisque les haras d'Allemagne vous sont si chers,
demandez à ce témoignage qui laisse bien loin derrière lui
les lumières de toutes les commissions, de vous dire s'il
n'est pas vrai qu'en Allemagne les étalons sont exercés au
manége. Surtout ne dites plus de ces choses à M. Oudinot;
on pourrait croire que c'est une perfidie si on ne vous connaissait. Mais vous êtes connu.

Le paragraphe où vous blâmez le haras de Saumur est
très judicieux ; vous en faites une critique amère et que
M. Oudinot aura peine à vous pardonner, en disant qu'on y
fait exactement tout ce que vous faites vous-même dans vos
établissemens. Nous nous associons pleinement à cette manière de voir.

Terminons comme vous le faites, Monsieur, par une citation de l'ouvrage de M. le prince de la Moskowa, qui com-
plètera la vôtre. Ecoutons M. de la Moskowa :

*« L'intention de la Guerre étant d'absorber les Haras, il serait
juste, dit-il, qu'elle nous apprît dans quelles vues et d'après quel*

*système elle se propose d'administrer leur succession. Il nous faudrait à cet égard un programme exposé bien clairement...»*

Et plus loin : *« Les généraux, membres du comité de cavalerie, ne s'entendent pas entre eux...,. Qu'on y prenne garde, si la Guerre ne proclame pas des idées nouvelles, si elle recule devant l'extension large et libérale des idées adoptées par les Haras depuis quelques années, c'est qu'elle rentre, sous des formes différentes, dans les voies de l'administration qu'elle veut remplacer. »*

C'est là votre citation , Monsieur, et probablement vous n'avez pas choisi celle qui vous eût été la plus défavorable ; cependant remarquez que ce qui inquiète M. de la Moskowa sur l'avenir des haras tenus par la Guerre, c'est la crainte qu'ils ne ressemblent aux vôtres. S'il recommande *les idées que vous avez adoptées*, c'est qu'il entend parler de la préférence que vous proclamez pour le pur sang. Mais ce que M. de la Moskowa n'a pas vu comme nous, c'est que de votre part ce ne sont que des mots. Vous professez bien , mais vous ne pratiquez pas. Au reste, consultons encore M. de la Moskowa, nous saurons son dernier mot sur votre gestion : *« L'Administration des Haras a complètement échoué dans sa mission. »* Et ailleurs : *« Il faut faire la liquidation de cette administration désastreuse. »*

Vous voyez, Monsieur, que si vous conservez quelque doute sur ce qu'on pense du bien que vous répandez sur le pays , pour peu que vous acceptiez M. le prince de la Moskowa pour juge, et nous ne le récuserions pas, vos doutes auraient bientôt disparu. Songez-y, l'ouvrage du prince est bon à consuter

Pour nous, Monsieur, si nous avons pu contribuer à vous ramener aux opinions de M. Oudinot, à calmer les troubles qu'un dissentiment aussi désintéressé que le vôtre n'a pas manqué de jeter dans vos esprits, nous en serons très heureux ; n'en fût-il pas ainsi, nous ne perdons pas l'es-

poir qu'un plus habile ne vous convertisse, s'il est vrai, comme vous le dites, que la raison finisse toujours par avoir
raison.

Ecrivez, écrivez, dites-vous, les haras vous béniront. Vou-
driez-vous nous dire si les réponses sont du nombre des
écrits que vous bénirez ?

# CHAPITRE IV.

*Des principes et des mesures législatives, administratives
et organiques, propres à relever l'industrie chevaline.*


Nous avons successivement examiné quel est l'état de la
question, quelle est la situation de nos ressources industrielles, quelles sont les conditions essentielles à l'existence
de toute industrie, lesquelles manquent à l'industrie chevaline ; comment elle en est destituée, par qui, quels moyens
ont été proposés pour arriver à un meilleur état de choses,
par où ces moyens semblent impuissans, et enfin quels résultats l'industrie doit attendre de la polémique qui s'est
engagée ?

Nous avons dit que l'existence de la production chevaline
exigeait un système de régénération fondé, non pas sur les
moyens qu'il serait désirable que le pays possédât, mais sur
ceux dont il peut disposer immédiatement ; un système qui,
pour ne pas rester à l'état de théorie, se puisse prêter aux
difficultés inséparables de la pratique.

En reprochant à la plupart des personnes qui ont traité la
question, l'absence, dans leurs écrits, de toutes vues d'ensemble, nous ne nous sommes pas proposés de nous renfer-
mer dans les bornes d'une facile critique ; notre intention a
été de payer au pays une dette que nous regrettons ne pas
voir acquitter courageusement par tous les hommes compé-
tens. Nous n'hésiterons donc pas à dire les moyens dont dé-

pend, à notre avis, la régénération de nos races. Exposer un système complet de principes et de mesures législatives, organiques et administratives, propre à faire recréer en France les espèces chevalines, à en amener le développement et à en asseoir la prospérité : c'est là notre but.

Mettre ce système à l'abri des fluctuations qu'entraînent les instabilités administratives, fixer la mobilité des idées par les prescriptions stables de la législation, faire dominer les connaissances pratiques par les bienfaits d'une organisation spéciale, ne laisser à la décision des agens que ce qui ne pourra pas être prévu par les institutions : voilà comment nous nous proposons d'y arriver.

L'existence de nos espèces chevalines est une conquête de l'Europe sur l'Asie ; mais en acclimatant le cheval sur son territoire, l'Europe ne l'a pas conquis tout entier. Son climat et son sol, plus froids et plus humides, sont autant d'obstacles à la conservation des qualités énergiques et de la pureté de la nature orientale.

Principe de toutes les autres espèces, la race d'Asie est à la fois plus robuste, plus sobre et plus résistante. A plus de vitesse elle joint plus de force. A une souplesse plus remarquable elle réunit une constitution plus solide. Bien que sa taille soit moins élevée, elle est plus proportionnée, plus favorable au développement et à la durée de son action. Non seulement le cheval d'Orient affronte tous les climats et se reproduit partout avec supériorité, mais encore il s'entretient et se reproduit là où nul autre ne le pourrait faire. Seul il perpétue sa descendance dans l'Inde. C'est encore par lui que se soutiennent les races du nord de la Russie. Quelqu'atteinte que la température et le sol portent à ses qualités primitives, le cheval arabe n'en conserve pas moins, sous quelque ciel qu'on le place, sa prééminence sur toutes les autres natures. Ses ressources trahissent constamment la noblesse de son origine. Son système musculaire est presque aussi invariable que sa construction osseuse. Sa conformation, dépourvue de parties charnues, révèle un développement tout solide. La concentration de son système organique se traduit toujours par un poids plus élevé, bien que sa complexion soit souvent moins volumineuse.

Le tempérament du cheval d'Orient emprunte au soleil brûlant de sa patrie cette énergie et cette force qui permettent de le soumettre en même temps à des privations et à des travaux dont on n'a pas l'idée dans nos contrées. De là, le culte de l'arabe pour son coursier, et ce soin religieux qu'il met à combiner sa reproduction par des alliances entre les individus les plus purs et les plus éprouvés d'une même famille. C'est par les femelles que l'arabe compte ses races ; c'est par les alliances judicieuses qu'il maintient cette harmonie, cette unité de types et de tempérament qui élèvent jusqu'à la perfection la nature de ses espèces chevalines. C'est par la réunion de toutes ces qualités diverses qu'elle reçoit du climat, du sol et des soins éclairés de l'homme, que la race arabe est devenue la régénératrice des races orientales elles-mêmes.

Livré dans nos contrées à des conditions d'existence opposées à sa première nature, le cheval d'Orient, tout en conservant cette vitalité et cette unité qui le distinguent, subit dans sa postérité les développemens que lui impose l'influence de la température et du sol. Ses qualités énergiques luttent d'abord victorieusement contre les principes dissolvans de notre climat; mais à mesure que sa descendance s'éloigne, l'énergie diminue et le climat l'emporte. Plus les diverses parties de nos contrées diffèrent de la nature de son pays natal, plus sont rapides dans sa progéniture ces transformations de son type primitif, plus est prompt le triomphe des influences climatériques. Cependant le tempérament, l'énergie et la résistance de nos espèces d'Europe sont toujours en raison de leur plus ou moins d'affinité avec cette race originelle. De là l'obligation pour toutes les espèces, de puiser à cette source d'un sang plus généreux, afin d'entretenir, dans leur propre sein, la force et la vitalité dont il est l'unique dispensateur. Non seulement la race arabe est la seule qui communique l'énergie; mais encore seule elle a le germe de toutes les spécialités. Sous l'influence du sol et du climat, elle a créé toutes les espèces d'Europe, la race espagnole, nos anciennes races, la race anglaise, les races du Nord, sont toutes filles de l'arabe; elle a donné naissance au cheval de charrette aussi bien qu'au cheval de selle. Or, pour être sorties toutes de cette souche unique, elles n'en ont pas moins presque tontes des spécialités bien distinctes. Le rang qu'elles tiennent entre elles à cette heure, leurs qualités plus ou moins réelles sont dans la mesure de leur parenté plus proche ou plus éloignée. Quelles que soient leurs aptitudes au service qu'on en exige, il ne faut pas oublier qu'elles ne sont cependant qu'un résultat, et qu'employés à la reproduction, leur valeur est toujours d'autant moindre qu'elles ont été développées davantage, et par conséquent plus éloignées de la race mère. Que si l'énergie reproductrice se dépense dans l'extension du volume de l'animal, c'est nécessairement aux dépens de son tempérament et de ses qualités résistantes. L'économie de solide entraîne l'accroissement des dispositions lymphatiques.

Ainsi, le bœuf de Durham, dont les Anglais ont favorisé le développement charnu au préjudice des solides, est par là même devenu incapable de travail et bien moins puissant à se reproduire qu'aucun autre. De même, l'espèce chevaline est d'autant plus énergique que son organisation est plus concentrée. Le cheval de race est donc celui qui fait le plus de solides. C'est cette disposition qui constitue sa supériorité comme serviteur et comme créateur. Or, c'est précisément là ce qui appartient essentiellement au cheval arabe. C'est ici le lieu de considérer à quel point est faux tout système qui tend à adopter le cheval anglais comme producteur, système fondé sur l'opinion spécieuse que nous nous emparerons par là du fruit de deux cents ans de soins qui ont amené l'Angleterre à posséder une espèce qui répond admirablement à toutes ses exigences. Il est juste de reconnaître que le cheval anglais est aujourd'hui le plus beau et le meilleur qui soit en Europe. En cela comme en beaucoup d'autres choses, il faut proclamer la supériorité de l'esprit spéculatif du peuple de la Grande-Bretagne. Le cheval anglais est un résultat que nous envions, mais considéré comme régénérateur, ou même comme continuateur d'espèces, il est inférieur de tout le volume qu'il a pris au delà de sa nature originelle qui est la race arabe. Ensuite, les Anglais ne soutiennent leur espèce qu'en la retrempant dans le sang oriental. Comment, après avoir été déjà consommé au profit de la régénération du premier individu qui l'a reçu, ce sang aurait-il la même puissance que s'il était pris à sa source primitive? Puisqu'il ne peut pas se conserver lui-même, comment régénérerait-il les autres? Enfin, qu'est-ce qu'une race? C'est une famille qui, sans avoir recours à aucune alliance étrangère, se perpétue elle-même dans sa pureté première. Or, l'espèce anglaise n'en est pas là. Les Anglais comprennent si bien cette réalité, qu'aujourd'hui ce ne sont plus les poulinières les plus développées qu'ils préfèrent; mais, au contraire, celles qui sont restées le plus près de terre, et dont la construction est la plus concentrée. L'Angleterre a été un moment si vaine de son œuvre, qu'elle avait renoncé à l'emploi du cheval arabe; mais les erreurs ruineuses sont de peu de durée chez elle, et à cette heure elle a rétabli des encouragemens en faveur du sang d'Orient. Les partisans du cheval anglais pourraient-ils citer un seul lieu où il ait fait preuve de valeur créatrice? Ainsi pourquoi les Anglais n'usent-ils que des chevaux arabes dans l'Inde? N'est-ce donc pas parce que les individus qu'ils y ont amené jusqu'à présent n'ont pu y rien produire d'utile, malgré des frais immenses. Il y a plus : qu'on se rende un compte exact de ce qu'ils ont fait chez nous? Depuis trente ans nous leur donnons la préférence, nos races sont-elles améliorées? Certes ils ont produit, mais leurs produits eux-mêmes ne manquent-ils pas en général d'ensemble, n'accusent-ils pas un désordre réel dans toute leur constitution? Enfin nos plus vites coureurs sur nos hippodromes, n'ont-ils pas tous été fils d'arabes? *Eylau, Espérance, Agar, Quine, Danaë,* etc., n'étaient-ils pas nés d'arabes? quand nous avons des produits anglais, au contraire, et que nous les ramenons en Angleterre, ne nous rend-on pas âge et poids sans plus de succès pour nous? N'est-ce pas une preuve évidente de la dégénération immédiate de l'espèce anglaise sur notre sol? N'oublions pas d'ailleurs que c'est une loi de nature, que les races ne s'importent pas avec avantage du nord au midi. A ce compte on pourrait penser que le cheval anglais produit avec supériorité en Normandie par exemple ; il n'en est rien cependant, ses produits sont toujours restés très inférieurs à ceux des étalons arabes que nous y avons introduits. Que si nous nous reportons à ce qu'il a fait en Limousin et en Auvergne, nous y verrons des faits bien autrement concluans. Non seulement il n'y a pas réussi aussi bien que le cheval arabe, mais pas même à l'égal des individus du pays ; à ce point que l'Administration des Haras, elle même, s'est décidée à retirer de Pompadour les jumens anglaises pures qu'elle y entretenait. Certes le caractère du cheval anglais est la vitesse. Or, en Limousin et en Auvergne, ce caractère s'est complètement effacé, puisque les courses n'y donnent pas à beaucoup près les mêmes résultats qu'à Paris, qui est déjà si éloigné de ceux qu'on obtient en Angleterre.

Nos espèces chevalines sont dégénérées aujourd'hui ou même n'existent plus ; mais il n'en a pas toujours été ainsi.

Elles ont eu autant de réputation qu'elles sont méprisées à cette heure. Est-ce par le cheval anglais que nous étions arrivés à établir leur supériorité? mais, à cette époque, cette espèce n'existait pas. C'est du cheval arabe, c'est du cheval espagnol, son plus proche descendant que sortaient toutes nos espèces si estimées, qu'il n'y avait alors ni princes, ni grands seigneurs en Europe qui ne donnassent la première place dans leurs équipages à notre cheval limousin.

Nous avons démontré que l'espèce anglaise n'était pas une race, mais le résultat de l'importation arabe et de la combinaison des influences du climat et de la nourriture. Bien qu'en tant que résultat, nous nous plaisions à reconnaître qu'elle est supérieure à toutes les espèces de l'Europe, ce n'est pas à dire qu'on ne puisse lui adresser aucun reproche, et qu'on ne doive arriver à produire aussi bien. Ainsi les soins et l'hygiène ont contribué à son développement, ont créé chez elle une susceptibilité qui a détruit la nature résistante du cheval originel, et, d'un animal sobre, a fait un animal exigeant et dispendieux à entretenir.

Pense-t-on que ce soit là le cheval qui conviendrait le mieux à notre pays, à nos fortunes restreintes et divisées? En France, le cheval doit être le serviteur du pauvre comme celui du riche.

Certes, on peut concevoir l'espoir de produire aussi bien que l'Angleterre, et même d'arriver à un résultat plus utile. Les Anglais ont obtenu leurs espèces par la réunion des trois élémens de création essentielle : l'importation du sang d'Orient, l'influence du climat et l'action de la nourriture. Or, sommes-nous privés d'aucune de ces trois conditions d'une production égale à la leur ?

D'abord, ne pouvons-nous pas aussi bien qu'eux nous procurer le cheval arabe ?

Notre climat est-il inférieur ? Mais moins il s'éloigne de la température orientale, plus le climat est favorable à la vitalité et à la conservation du type créateur. Entendons-nous donc une fois pour toutes, à l'égard des influences diverses qu'exercent les climats différens sur la production chevaline ?

Là où le soleil est chaud et le sol dépourvu d'humidité, tout ce qui gravite dans le règne animal, comme dans le règne végétal, prend moins de développement, fait plus de solides et reste plus concentré et plus énergique.

Là où le soleil est plus tempéré et le sol plus fertile, le développement des animaux est plus grand, leur taille augmente, mais non pas leur vitalité.

Là, où le soleil est plus rare, et la végétation sortie d'une terre humide, dans les pays insulaires, les animaux tendent au volume, à l'extension de la taille et au poids, aux dépens du solide et de la vigueur du tempérament. Leurs dispositions sont essentiellement lymphatiques.

Dans les contrées du Nord, dans la Norwège, par exemple, là où le froid sévit presque continuellement, et où le sol est sec, les animaux s'y diminuent, tendent à l'insensibilité et à l'état nain. Mais le Nord, comme le Midi, a son énergie ; dans le Nord, c'est la force d'inertie, dans le Midi, c'est la force agissante (1).

Ainsi, en Angleterre, le soleil rare, le sol humide, la température amollie par les brouillards, les herbages soumis aux influences de l'air salin, ont présenté, à la création d'une espèce remarquable, autant d'obstacles que la sollicitude de l'homme a dû vaincre par l'emploi habile des ressources de la race primitive. Or, en France, nous n'avons pas ces obsta-

(1) Il ne faut pas considérer comme le fait de la nature du Nord les remarquables chevaux qu'on obtient dans les haras de Russie et de Pologne. Ces espèces sont le résultat des soins éclairés qu'ils reçoivent et du sang oriental qu'on y importe continuellement ; à ce point que, dans les haras de Russie et de Pologne, on ne donne le nom d'étalons qu'aux chevaux purs de l'Asie.

cles naturels à surmonter ; nous avons les ressources des herbages gras qui poussent au développement du volume et de
la taille, et nous possédons les avantages des pays plus
chauds qui tendent à la centralisation et à la vitalité. Nous
pouvons donc prétendre à créer, non pas seulement une
espèce unique, mais des espèces distinctes, excellentes et
distinguées.

Par cela même, que nous aurions moins à lutter contre
les influences climatériques, nous serions, moins que les Anglais, obligés d'entrer dans les frais d'un élevage et d'une
nourriture dispendieux ; par conséquent nous obtiendrions
des espèces plus sobres en même temps que plus résistantes,
et répondant mieux aux exigences des fortunes et de la spéculation. Nous conclurons donc de tout ce qui précède, que
le cheval d'Orient est le seul type de création et de régénération ; que la France est appelée, par les ressources de son
climat et de son sol, à être le foyer des espèces les plus utiles et les plus distinguées ; qu'au lieu de calquer l'Angleterre,
elle n'a qu'à l'imiter pour posséder de nouveau, avec le secours des races arabes, des chevaux qui répondent à toutes
les exigences, comme à tous les besoins.

Mais si la France est mieux dotée par la nature qu'aucun
autre état de l'Europe, elle est aussi la plus pauvre par la
dégénération où sont tombées ses populations chevalines. Il
lui faut donc faire de grands efforts pour les relever. Elle
doit donc se préoccuper essentiellement des moyens d'y
parvenir ; or, la première chose est l'entretien et la propa-
gation de régénérateurs purs, sur divers points de notre territoire, de façon à combiner leur reproduction avec la nature
du sol et du climat, en raison de nos besoins et de nos intérêts. Par régénérateurs purs, nous n'entendons pas parler
de l'étalon seulement, mais aussi de la poulinière.

La jument et le cheval contribuent tous deux à la production dans des productions distinctes. Le mâle apporte le type, la femelle est la gardienne du tempérament.

Vouloir créer des espèces sans l'intervention de chevaux et de jumens également distingués, c'est tenter l'impossible. On ne crée que par des alliances entre des auteurs purs. En général on confond ces deux mots : alliance et croisement ; tous deux cependant ont des valeurs bien différentes ; ainsi alliance est l'union de deux individus de même famille ; croisement exprime la réunion de deux êtres d'espèces différentes, pour obtenir un résultat qui tienne des qualités de l'un et de l'autre. L'alliance produit un résultat prévu, le croisement court à la possession d'un inconnu. Ceci bien entendu, examinons l'importance de l'apport du mâle et de la femelle dans la génération. Evidemment l'apport de la jument est le plus indispensable. Le type se lie au tempérament ; sans le type on aurait un cheval moins parfait ; mais sans le tempérament on n'aurait qu'un mauvais cheval.

Il y a plus, le type est destiné à se modifier dans nos climats. Le cheval arabe tel qu'il est ne répond pas à tous nos besoins également ; que si pour de certains usages il est d'une taille trop petite, d'un volume trop restreint, c'est le climat et le sol qui le développeront. Son premier mérite est cette élasticité de sa nature qui recèle le germe de toutes les spécialités. Pour cela il n'y aura dans la lutte, que notre température et nos herbages livrent à sa complexion primitive, qu'à laisser prendre à nos influences climatériques plus d'empire en le retrempant moins fréquemment dans le sang originel. Mais de ce que le type peut se développer utilement, il ne faut pas conclure que le tempérament puisse, sans une dégénération complète, être modifié à son tour. Plus le développement augmente, plus la vitalité doit être maintenue, puisqu'elle passe au service d'un être plus exigeant. On ne saurait donc avoir des jumens trop pures. Ce n'est pas pour une autre cause que l'Arabe ne compte ses races que par les femelles. Que si on veut au contraire conserver son type parfait, on n'aura qu'à combattre par le retour incessant aux individus les mieux nés, les plus remarquables de sa race, les élémens dissolvans de notre ciel et de notre végétation.

Pour important que soit le choix des races; pour essentielles que puisse être l'observation exacte de l'influence de chacun, et son application judicieuse, il faut au succès d'autres conditions : l'épuration du sang, l'assimilation des individus et la localisation des espèces.

Les chevaux d'une même race, quelque excellente qu'elle soit, ne naîtront pas tous doués de qualités également supérieures; or, c'est par les individus les plus remarquables qu'il faut procéder à la reproduction. C'est ce choix entre les êtres des familles pures qu'on appelle épuration du sang ; mais comment baser cette épuration sur des données certaines? Comment reconnaître l'animal le plus distingué, si on n'a recours à l'épreuve ? L'épreuve est donc une nécessité. Dans l'état de nature les races sont en butte à des maladies, à des accidens, à des travaux pénibles qui les éprouvent. Il y a plus, elles s'éprouvent elles-mêmes. Dès leur naissance les supériorités établissent entre les individus une sorte de hiérarchie. A l'époque du rut les mâles se livrent des combats acharnés; ceux qui l'emportent se partagent les troupeaux de femelles. Ainsi, c'est à la fois par les plus courageux, les plus énergiques et les plus forts que la race se renouvelle. Ce qui est commandé par les prévisions de la nature doit nécessairement entrer dans les prévisions de l'homme. Il doit donc s'occuper de remplacer les épreuves naturelles par d'autres épreuves qui le conduisent à choisir sûrement les reproducteurs de ses espèces parmi les animaux qu'il entretient. Les Arabes, qui s'entendent mieux que tous les autres peuples à la conservation des races, soumettent leurs chevaux aux épreuves de fond, et par le fond ils n'entendent pas seulement la longueur du trajet à parcourir; mais outre la résistance à la fatigue, la résistance à la faim, à la soif, l'endurance de toutes les privations, le courage et l'intelligence. Ainsi, une jument s'est-elle distinguée par l'accomplissement d'une tâche extraordinaire, ils donnent immédiatement son nom à sa lignée jusqu'à ce qu'une de ses filles l'ayant surpassée par une autre action plus remarquable, celle-ci devient à son tour chef de famille. Ils mettent, dès lors, tous leurs soins à les allier à des mâles de même mérite et du même sang. Les étalons sont éprouvés de la même manière que les femelles; mais c'est surtout la naissance qui les détermine, et quand le sang est illustre, ils le comptent pour étalon même avant l'épreuve.

En Europe c'est l'épreuve de vitesse qui a été adoptée. Nos courses ont été instituées à cet effet. Elles consistent, pour l'animal, à parcourir, soumis à la charge d'un poids léger, un espace très court dans le moins de temps possible. Pour arriver à ce but on les soumet à ce qu'on appelle l'entraînement. Or, l'entraînement a pour fin d'augmenter, chez le cheval, les facultés respiratoires et les agens de la vélocité; il provoque des déperditions internes et externes de manière à le débarrasser de tout ce qu'on suppose entraver son action rapide. Le traîneur procède à sa tâche par l'exercice progressif, les suées, les saignées et l'emploi de médicamens destinés à opérer des purgations périodiques.

Lequel moyen offre le plus de garantie à l'épuration du mode oriental ou de la manière européenne.

Mais, d'abord, quelles qualités doit-on exiger chez le cheval? La force de résistance à la fatigue, aux privations, la sobriété et enfin la vitesse.

L'épreuve, comme y procèdent les Orientaux, répond à toutes ces exigences. La course, telle que nous la pratiquons, ne résout que la dernière de ces questions,

Les longs trajets répondent de la résistance à la fatigue.

La manière dont l'animal résiste aux privations témoigne de sa sobriété.

Enfin le vainqueur étant le premier arrivé au but, il n'y a pas de doute sur la vitesse.

Les trajets courts et rapides, au contraire, ne prouvent pas la longue résistance à la fatigue puisqu'elle est de peu de durée. Ils n'en résulte pas non plus la preuve de la sobriété, puisqu'on donne au cheval de course les nourritures les plus abondantes et les plus substantielles. Reste donc la vitesse, mais au préjudice de la sobriété, et par conséquent au dépens de la résistance, car l'animal sobre est le seul qui résiste aux travaux pénibles comme aux privations.

Indépendamment des avantages que doit présenter l'emploi d'un animal qui répond à toutes les exigences de l'épuration, il convient encore d'examiner laquelle des deux épreuves agit plus rationnellement sur sa vitalité et le laisse plus en état de se reproduire utilement.

Le cheval en Orient subit l'épreuve dans l'état le plus favorable au développement de ses ressources naturelles; toute son économie intérieure et extérieure est dans un état normal, point de déperditions provoquées par des procédés empiriques : s'il fournit sa course, il y a dépensé de l'énergie, mais non pas sa santé et son tempérament; par conséquent, il est après l'épreuve ce qu'il était avant, ce que par sa nature il a toujours été.

Le cheval en Europe est éprouvé dans des conditions toutes factices, en dehors des ressources de sa nature. On commence par le réduire à un état complètement anormal, on lui crée une puissance toute d'éréthisme, par conséquent momentanée. Les moyens auxquels on a recours violentent son organisme interne, arrêtent son estomac et compromettent nécessairement toute son économie vitale, surtout ses facultés de reproduction. Après la course, vainqueur ou vaincu, sa constitution est affaiblie pour long-temps, et le plus souvent à jamais lésée. Il tombe, soit dans le pléthorisme, soit dans l'éthisie. Dans tout état de choses, il n'est capable de fournir de nouvelles courses qu'à la condition d'être soumis de nouveau au même traitement.

Les faits que nous avons signalés établissent combien la manière orientale est supérieure au mode européen, d'une part, parce qu'elle embrasse toutes les qualités qu'il importe de trouver chez le reproducteur ; d'autre part, parce qu'au lieu de compromettre, pour le présent et pour l'avenir, la vitalité, le tempérament et les facultés génératrices du cheval, elle le laisse dans toutes ses conditions de force et de santé.

Ce serait donc un bienfait véritable que l'adoption des épreuves de fond et l'emploi pour les épreuves de vitesse, d'un système d'entraînement dégagé de tous les procédés empiriques et anormaux, puisqu'ils ne sont appliqués à autre fin que de débarrasser l'animal de toutes les parties charnues qui le chargent inutilement. Au lieu de créer cette surabondance par les nourritures trop abondantes ou trop succulentes qu'on lui donne dès sa jeunesse, pourquoi ne le dirige-t-on pas tout d'abord, par la sobriété, vers un état naturel d'entraînement.

Il est déraisonnable de donner pour reprendre, et c'est à quoi se réduit la méthode actuelle. Or, c'est là un jeu auquel l'économie animale ne peut pas se prêter, on peut le lui imposer, mais elle y succombe.

Nous ne croyons pas qu'avec une méthode plus soumise aux conditions de la vitalité, et de la santé du cheval, on diminue la vitesse. Mais cela fût-il, on aurait au moins une vélocité réelle, retrouvable en toutes occasions, tandis que nos coureurs ne possèdent aujourd'hui qu'une vélocité éphémère, à jour fixe, et une ou deux fois par an.

En résumé, l'épreuve fournirait des résultats assurés, au

lieu que les résultats actuels sont factices et incertains.

L'assimilation des individus est une des conditions absolues de la création de toute espèce. Or, l'assimilation est l'accord des dispositions des formes et des tempéramens; elle tend à créer chez les êtres une unité de type et de vitalité en rapport avec les services auxquels on les destine. De l'assimilation dépend le perfectionnement des allures elles-mêmes. Ainsi, pour obtenir un cheval de course, il faut non seulement allier des individus de même type, de même tempérament, doués l'un comme l'autre de qualités remarquables, comme coureurs, mais aussi d'allures agissant dans la même forme. Quel que soit le produit qu'on se propose de créer, on doit autant que possible unir entre eux les êtres de même famille, et même ceux qui dans son sein s'appartiennent pas les liens du sang les plus proches. C'est au moyen de l'assimilation que l'on prévient les disparates, que l'on conserve l'ensemble dans les individus et les espèces elles-mêmes. Il ne faut pas chercher d'autre cause au maintien de nos espèces bretonnes par exemple. C'est parce quelles se sont constamment reproduites en observant les lois de l'assimilation des individus de leur famille, que leur type et leur vitalité primitives ont traversé les mauvais jours de notre fortune chevaline, sans dégénérer et disparaître comme ont fait nos autres espèces. Que si l'on doit introduire dans une famille certaines qualités essentielles qui soient la propriété d'une autre famille, c'est par les mâles qu'il convient d'opérer cet emprunt. Nous avons dit ailleurs que le mâle reproduisait toujours son type dans tous ses descendans. En alliant un étalon de la famille que l'on veut perfectionner, à une femelle de l'espèce douée des qualités amélioratrices, on obtiendra un produit qui, sans avoir perdu le type du père, aura acquis les qualités de la mère. Le premier produit mâle d'une telle alliance les importera dans la famille paternelle et en deviendra le régénérateur. Mais, nous le répétons, c'est au mâle qu'il appartient de faire ses emprunts et d'en doter son espèce. C'est la condition expresse de la conservation du type.

Ainsi, en principe, il faut assimiler les individus dans leur propre famille et les y allier entre eux, quand on est amené par la nécessité d'améliorer à faire des emprunts à un sang étranger; c'est par l'étalon qu'on doit y procéder, et par ses produits mâles qu'on doit l'importer dans la famille.

Un des obstacles les plus réels à la création des espèces, est l'acclimatement des producteurs: nous avons dit quel rôle important joue la nature du climat et du sol dans l'existence des races chevalines. De là l'urgence de maintenir dans les localités où ils sont nés et se sont développés les individus destinés à la reproduction. La conservation de leur développement et de leur nature est à ce prix. En France surtout où la variété de la température et de la végétation permet d'entretenir des espèces distinctes, il est d'un intérêt grave de les conserver et de les entretenir dans les parties du territoire avec lesquelles elles se seront identifiées. Ce n'est pas à dire qu'on ne doive varier la nourriture du cheval, ni qu'on doive le faire vivre toujours dans le même parcours; mais on ne saurait, sans détruire l'œuvre d'un sol et d'un climat, le transporter sur une terre et sous une température trop différentes. Tout système qui tend par exemple à mobiliser les producteurs, jette par son exécution le désordre dans les espèces. La localisation des familles au contraire, peut seule rendre l'assimilation complète.

Nous n'insisterons pas sur une nécessité que tout le monde comprend et connaît. Rien n'a plus contribué à la destruction de nos anciennes espèces, que les mutations continuelles des étalons. Un étalon qu'on a amené dans un pays, y produit d'autant mieux qu'il y est établi depuis plus long-temps. Or, ce qui est nécessaire pour l'étalon, est bien plus indispensable pour la poulinière, qui est toujours plus impressionnable. Que si on la met aux prises avec un climat contraire, son tempérament en souffre nécessairement, et cette souffrance rejaillit d'une manière funeste sur toute sa production. La localisation des espèces présente donc un des moyens les plus puissans de maintenir en elle l'égalité du tempérament et l'homogénéité des formes. Elle est le seul moyen de les fixer définitivement dans un pays.

La localisation des espèces forme, avec l'épuration du sang et l'assimilation des individus, l'ensemble des conditions absolues de toute perpétuation de races.

Elle clôt l'ensemble des principes dont l'application nous semble devoir rendre au pays les espèces distinguées que son sol et son climat lui permettent de posséder et d'entretenir. Selon nous il ne s'agit pas d'améliorer en France les espèces chevalines, elles n'existent pas; il s'agit de les créer; or, toute création a ses exigences impérieuses. Nous nous sommes donc proposé d'indiquer à quelle source il fallait puiser pour arriver à ce résultat, de dire quel sang est le plus capable de nous rendre de nouveau possesseurs de races distinguées par leurs types et par leurs mérites. Mais ce n'est point assez que d'introduire dans un pays ce qui doit le régénérer. Il faut encore ne confier son avenir qu'aux plus remarquables parmi ses régénérateurs, choisir les meilleurs parmi les meilleurs. Il faut ensuite assurer dans leur lignée la reproduction des qualités qui les distinguent; enfin il faut fixer ces lignées avec leurs caractères distincts, d'une manière définitive sur les différentes parties du territoire. Nous devions donc démontrer comment introduire les élémens de création, comment choisir entr'eux, comment les reproduire, comment les identifier à notre sol. Nous avons rempli cet engagement sans réserve.

En résumé nous réclamons, pour fonder l'établissement de nos races, le cheval et la jument arabes; nous demandons, comme moyen de choix entre leurs produits, pour n'employer que les plus remarquables, l'épreuve de courses de fonds et de vitesse dégagée de tout entraînement reposant sur les procédés empiriques. Nous sollicitons, comme moyen de reproduction exacte, l'assimilation des individus, leur alliance en famille, basée sur la proximité de leur sang.

Enfin nous voulons, comme moyen de perpétuation et de possession définitive d'espèces distinctes, mais homogènes dans leurs produits, la localisation des familles.

Voyons, maintenant, comment ces moyens de création peuvent passer dans le pays? Si l'industrie peut s'en emparer et dans quelles conditions? et quelle doit être l'initiative du gouvernement?

Quelle que soit en principe notre opinion sur toute intervention de l'Etat autre que la protection dans les affaires industrielles, nous reconnaissons que la création de races chevalines en France est aujourd'hui d'un intérêt trop impérieux pour qu'il n'y apporte point toute sa sollicitude. Ce ne serait pas d'ailleurs tenir compte de la situation de nos éleveurs, de l'épuisement de leurs ressources, que de leur demander des avances ou des sacrifices nouveaux. Dans la position des choses, il n'y a que l'Etat qui puisse communiquer à la marche de cette grande œuvre l'ensemble, l'unité nécessaires au succès. D'une part, aucun intérêt commercial n'est assez puissant à cette heure, pour commander l'entretien de familles pures, destinées seulement à fournir des reproducteurs; il faut donc que l'Etat s'en charge. D'autre part, l'industrie n'est en général pas assez riche pour acquérir à des prix élevés les poulinières et les étalons de race dont elle aurait besoin. Il n'y a que le gouvernement qui puisse les lui céder à des conditions qui lui soient accessibles, car le gouvernement seul peut livrer ses produits sans gain réalisable et uniquement en vue de l'avenir.

Il est donc nécessaire qu'il le fasse. Toutefois, l'État ne doit pas aller au delà. Son rôle est de créer des ressources, de les répandre sur l'industrie, mais non pas de faire de la spéculation.

Posséder le foyer du sang régénérateur, l'entretenir par ses produits les plus remarquables, et en recourant par intervalles à des producteurs nés en Orient, céder à l'industrie l'excédant de ce qu'il aura fait naître, tels sont les devoirs que l'État doit s'imposer en créant des haras.

Ces haras devraient être formés dans chacun de nos pays d'élèves, où le climat et la végétation favorisent la création d'espèces distinctes, utiles et distinguées. Huit étalons et quatre-vingts poulinières arabes composeraient le fonds d'un haras. Parmi leurs produits les plus distingués, seraient appelés à remplacer les individus du troupeau qui seraient réformés. Le reste deviendrait les reproducteurs de l'industrie; en les lui cédant, l'État devrait diviser les mâles en deux catégories : la première, composée des meilleurs, serait vendue immédiatement à titre d'étalon, et approuvés comme tels. Les chevaux compris dans la seconde catégorie seraient cédés purement et simplement, sans aucune faveur exceptionnelle, et par conséquent rentreraient dans la condition commune de tous les étalons que l'industrie pourrait acquérir. Les poulinières seraient vendues sans qu'on les soumît à aucune distinction entre elles. On verra les motifs de ces dispositions quand nous parlerons des primes. Tout le monde sent la nécessité de répandre les connaissances spéciales à l'élève du cheval. A cet effet, le gouvernement instituerait une école qui serait une annexe de chaque haras, où seraient professés des cours gratuits de toutes les sciences utiles à l'homme de cheval. Les fonctionnaires de l'administration devraient absolument avoir suivi les cours de cette école. Il faudrait donc que les établissemens royaux fussent débarrassés de tout le luxe actuel, qu'ils fussent, par la stricte économie et la simplicité de leur gestion, autant que par le mérite de leur production, des modèles d'élevage. Tout ce qui est dispendieux compromet les bénéfices de l'industriel, conséquemment, repousse la spéculation sage.

Ainsi, l'initiative du gouvernement se bornerait à faire ce que la faiblesse de l'industrie ne lui permet pas d'exécuter elle-même. Il trouverait dans son système le double avantage de ne plus entretenir un nombre immense d'animaux coûteux et improductifs, et de doter le pays d'un troupeau de mâles et de femelles capables de lui donner des résultats précieux. Renonçant à faire saillir les jumens des particuliers, il débarrasserait l'industrie d'une tutelle préventive et d'une concurrence qui la condamnent à ne jamais produire sans son intervention. Cependant tout en intervenant aussi sagement en faveur de la production chevaline, le gouvernement n'aurait pas encore assuré sa prospérité, s'il ne lui accordait la protection que réclame toute industrie dans l'enfance; s'il ne lui concédait les encouragemens propres à hâter son développement; enfin, s'il ne lui en garantissait l'application éclairée par l'organisation d'une administration spéciale.

Les mesures que nous croyons propres à satisfaire ces exigences, sont de natures diverses, bien que toutes convergent vers le même but. Nous demanderons les unes à la législature, les autres devront être administratives, et enfin organiques.

Toute industrie nationale doit-être protégée en raison de son infériorité, eu égard à l'industrie étrangère. Plus la concurrence étrangère est puissante, plus la protection doit être efficace. Or, pour être efficace, il faut qu'elle place chez nous notre production, dans des conditions de débit plus avantageuses que les productions de nos voisins. La législature devra donc concentrer, à cet effet, un droit élevé sur tout cheval étranger à son importation en France. Dans l'espèce, ce droit sera d'autant plus rationnel, qu'il ne pèsera que sur le luxe, puisque nous n'introduisons que les natures qui lui conviennent. Il ne faut pas cependant que ce droit soit aveugle, et qu'en servant d'un côté l'industrie , il entrave de l'autre son développement; ainsi, seraient exceptés les étalons et les poulinières de sang oriental. Toutefois l'importateur commencerait par déposer le montant du droit d'introduction , jusqu'à ce que des commissions instituées à cet effet, eussent statué sur l'origine. Il conviendrait de plus de porter ses prévisions sur les tentatives possibles de la spéculation , et d'assurer au pays la possession définitive des animaux précieux qui y seraient introduits. C'est ce qu'on ferait par une prohibition absolue de toute exportation d'étalons ou de poulinières de pur sang. L'armée étant un consommateur considérable devrait de son côté être assujettie à concourir à ce but d'assurer les débouchés à la production indigène. Aucun cheval étranger ne serait admis dans l'armée. Aucun cheval d'officier ne recevrait la ration de l'État, qu'il ne fût né en France. Ainsi de tous les services publics. Cependant, en instituant ces mesures de protection générale, nous ne devons pas oublier que notre but est d'arriver à substituer le cheval distingué au cheval commun. Il est donc nécessaire que la protection soit combinée de façon à s'exercer dans une mesure plus favorable au premier qu'au second. Il y a plus, tout ce qui tendrait à jeter de la défaveur sur le cheval commun, pour porter, au contraire, la préférence du public sur le cheval d'origine, nous paraît de nature à exercer l'influence la plus féconde en faveur de la création d'espèces distinguées. Un droit que l'on percevrait sur les négociations de chevaux sans race serait, à nos yeux, un des agens les plus actifs et les plus sûrs pour arriver à ce but. Rien, selon nous, n'est plus important et en même temps plus exécutable. Pour créer des espèces distinguées , il faut nécessairement combattre l'existence des espèces communes. Henri VIII, qui est l'auteur de la création des races actuelles de l'Angleterre, faisait tuer tous les chevaux communs qui s'y trouvaient. La guerre, que leur ferait un droit tel que nous venons de l'annoncer, pour être moins sanglante, ne serait pas néanmoins sans résultats. L'efficacité n'en est certes pas douteuse. L'exécution en est-elle donc moins certaine? nous ne le pensons point. Ainsi, en principe, seraient exempts de tout droit les chevaux de race dont l'origine serait constatée par des certificats. Les certificats leurs tiendraient lieu de toutes preuves établissant l'acquittement du droit. Les chevaux qui ne seraient pas de race, devraient, au contraire, supporter un droit de... toutes les fois qu'ils changeraient de propriétaire. L'acquittement de ce droit serait constaté par un bulletin qui serait délivré au bureau de l'enregistrement, ou à la mairie, ou chez le percepteur. Afin d'empêcher qu'on éludât la perception de cet impôt, le vendeur et l'acheteur seraient tenus de signer ce bulletin, sous peine, par l'acheteur, de rester exposé aux répétitions du vendeur et de n'être point propriétaire légal ; sous peine, pour le vendeur, de n'avoir pas légalement vendu et de rester exposé à reprendre son cheval, 's'ils ne s'étaient assurés mutuellement de l'apposition de leurs signatures. Rien n'empêcherait d'ailleurs d'établir une pénalité.

Pour le cheval de race, ce serait la livraison de ses actes d'origine qui établirait la possession légale. Dans la pratique, rien de plus simple : un marchand de chevaux, un propriétaire veut vendre ses chevaux, il se procure des bulletins au moment où son marché est conclu, il signe le bulletin, le fait signer par l'acheteur, et la vente est consommée.

Indépendamment des sommes que l'Etat retirerait d'une pareille mesure, elle aurait encore pour effet de donner date certaine aux droits de l'acheteur contre le vendeur dans les contestations basées sur des cas rédhibitoires, de créer un intérêt constant pour l'éleveur de chevaux rares, à ne pas négliger les formalités qui établissent la naissance, de rendre palpable pour tous la supériorité du cheval de race, de la signaler à la préférence du public.

Protection pour l'industrie en général, préférence en faveur de l'industrie vouée à l'élevage des races pures, substitution du pur sang au sang dégénéré. Voilà ce que nous attendons de la législature. Elle vote des fonds pour encourager le développement de la production parce qu'elle veut son succès. Elle ne lui refusera pas des lois protectrices alors qu'il s'agit d'assurer son existence.

Les Chambres votent des fonds pour être répartis à titre d'encouragemens; mais cette répartition même est de la plus haute importance. Il est indispensable qu'elle soit dirigée dans le même esprit qui a présidé à l'adoption des vues que nous avons déjà développées.

Nous avons dit que l'Etat devrait renoncer à vendre la saillie à l'industrie, et lui céder, au contraire, tous les étalons et toutes les poulinières que l'intérêt de l'entretien des types régénérateurs ne lui ferait pas une loi de conserver dans ses haras; cependant, en offrant les produits de son troupeau à l'éleveur, même à des prix peu élevés, le gouvernement n'aurait pas assez fait, s'il ne disposait des fonds dont il est le dispensateur, pour l'encourager à les acquérir et à poursuivre, dans le pays, l'œuvre qu'il aurait commencée. De là, la nécessité d'accorder des primes aux étalons et aux poulinières de pur sang, tant à ceux qui, des haras de l'Etat, seraient passés au service de la spéculation particulière, qu'à ceux qu'elle aurait introduits. Mais en primant, le gouvernement doit imposer des conditions, et d'autre part les primes doivent être proportionnées à la pureté et aux qualités des animaux qui en seront jugés dignes. Nous admettons donc que les primes seront divisées en trois classes. Ainsi, tout étalon placé dans la première classe devra, s'il est né en France, être sorti de père et de mère entièrement purs, avoir déjà produit, et ses produits s'être distingués; s'il n'est pas né en France, il devra établir son origine d'une manière incontestable; il sera en tout soumis aux mêmes conditions que le cheval né dans le pays. Nul étalon ne pourra passer dans la première classe, sans avoir passé par la seconde. Tout étalon ayant remporté des prix de courses, fera de droit partie de la seconde classe. Tout cheval vendu comme étalon par le gouvernement, fera également partie de la deuxième classe. Une commission, instituée dans la forme qui sera dite ailleurs, statuera sur la prime à donner aux chevaux, que la spéculation introduirait et qu'elle proposerait pour étalon. Les primes de la troisième classe seront réparties par la commission à des individus purs qu'elle jugera propres à la reproduction. Ces primes pourront également être accordées aux étalons des espèces du roulage et de l'agriculture. Tout cheval ayant remporté le prix de traction, et justifiant de sa saillie, fera partie de cette classe. Aucun étalon d'aucune classe ne touchera la prime s'il·ne peut justifier avoir,sailli cinquante jumens. Les mêmes divisions présideront à la répartition des primes entre les poulinières. Dans la première division seront admises les jumens qui auront produit des chevaux, ayant remporté de grands prix, ou primés comme étalons dans la première classe. Elles devront avoir justifié de leur origine pure. Dans la seconde division seront placées toutes les jumens vendues par les haras royaux, les jumens autorisées par commission ayant établi la pureté de leur origine, et toutes les mères de chevaux purs ayant remporté des prix de courses ou primé comme étalons dans quelque classe que ce soit. Appartiendront à la troisième classe les jumens admises par la commission, et toutes les mères de chevaux d'agriculture et du commerce, ayant remporté des prix de traction, et aussi celles qui en auraient gagné elles-mêmes; aucune poulinière, dans aucune classe, ne pourra toucher la prime si elle n'est suitée.

On voit, d'après ce qui précède, quelle est l'indispensabilité des épreuves, leurs résultats devant éclairer les choix des jumens et des étalons qu'il conviendrait de primer.

Il sera donc nécessaire d'en établir qui répondent aux divers buts que l'on se propose dans la production des différentes espèces ; nous les diviserons en épreuves de fond de vitesse et de traction. La direction des haras et les départemens devront accorder les fonds qui seront distribués aux gagnans à titre de prix.

Tout cheval né en France ayant plus de cinq ans, serait admis à concourir pour le prix de fond, ce prix serait le plus élevé.

Les courses de vitesse resteraient ce qu'elles sont aujourd'hui, et l'âge fixé, de trois à cinq ans.

L'épreuve de traction aurait lieu pour de longues distances. Tous chevaux nés en France y seraient admis, pourvu qu'ils n'aient pas moins de quatre ans et pas plus de cinq ans.

Sur les prix de courses, un prélèvement d'un dixième serait acquis à la jument, mère du cheval gagnant.

Ces épreuves auraient lieu au centre de chacun de nos pays d'élèves, où on produirait des espèces distinctes; enfin, une dernière mesure nous paraît de nature à favoriser l'industrie; nous voudrions voir instituer des foires de chevaux sur le lieu des courses, et le lendemain du jour où elles auraient été terminées.

Cette disposition aurait le mérite, d'une part, d'attirer un grand concours de personnes, et de l'autre, de faire naître une occasion de débouchés pour l'industrie.

Ainsi, distribution relative de primes pour les jumens et les étalons distingués, des épreuves pour établir leur supériorité et dicter le choix, voilà les encouragemens dont nous sollicitons le règlement par des ordonnances.

Il nous reste à voir quelles dispositions seraient les plus propres à garantir l'exécution éclairée des mesures qui forment l'ensemble de ce système. Notre désir est de simplifier le plus possible tous les ressorts qui doivent lui communi-

quer l'action et la vie. C'est à nos yeux une chance de plus
donnée au succès, que le nombre restreint des agens. Nous
pensons d'ailleurs que nul n'est plus apte à faire ses affaires
que l'industrie elle-même. C'est cette conviction qui nous a
fait désirer que le gouvernement renonçât à la tutelle préventive qu'il a exercée jusqu'à présent. Nous ne serons donc
que conséquens avec nous-mêmes en demandant que des
commissions d'éleveurs, choisies par des éleveurs dans chacun de nos pays d'espèces distinctes, soient appelées à décider quels étalons, quelles poulinières devront être primés ;
toutefois, nous voulons aussi que l'Etat y soit représenté. Il
faudrait que ses agens veillassent à ce que les décisions des
commissions fussent toujours guidées par l'exigence des mesures législatives et des ordonnances régissant la matière. De
leur côté, les commissions auraient le droit de refuser tous
les individus qui leur seraient soumis et qui ne leur paraî-
traient pas mériter d'être primés, soit comme étalons, soit
comme poulinières, leurs choix au contraire seraient para-
lysés par le seul vote négatif du commissaire de l'Etat. C'est
le droit du gouvernement qui ferait des sacrifices pour la
création de races utiles et profitables à l'industrie, de lui
imposer la loi de ne recevoir que de bons chevaux comme
reproducteurs ; c'est son intérêt légitime.

Les jurys des courses devraient être présidés par un agent
du gouvernement, et composés des membres de la commission, qui n'auraient aucuns chevaux engagés dans la course.

Nous voudrions encore que les commissaires nommés par
les éleveurs choisissent dans leur sein un de leurs membres
qui prendrait place au conseil général, chargé de représenter les intérêts de l'agriculture auprès du ministre.

Un registre devrait être ouvert dans chaque commune, à
la mairie, propre à constater les naissances des chevaux de
pur sang, chaque constatation devrait être appuyée du certi-
ficat, prouvant que la mère a été saillie par un cheval de

pure race. La déclaration devrait être faite dans les cinq jours qui suivront la naissance. Le signalement fourni et certifié par deux témoins, le maire donnerait un récépissé de la déclaration et du signalement.

Un relevé du registre serait envoyé chaque année au préfet, qui le ferait parvenir au ministre, de sorte à fournir les élémens d'une statistique exacte de la situation des races dans le royaume. Ceci réglé, examinons quelle devrait être l'organisation de l'administration chargée de veiller à l'exécution de la loi et des ordonnances, et de diriger les établissemens de l'Etat. Nous nous sommes exprimés sur la nécessité de concentrer le pouvoir dirigeant en une seule main. Nous avons dit quelles garanties nous y voyons pour le pays. La création d'un directeur-général est à nos yeux une nécessité. La liquidation de la gestion actuelle, l'unité de vues nécessaires à l'exécution d'un plan nouveau ne permettent pas d'hésiter. En même temps que nous demanderons cette garantie pour le pays et pour l'Etat, nous solliciterons la suppression de l'inspectorat-général, et son remplacement par des inspecteurs particuliers, chargés dans chaque circonscription de surveiller les progrès de l'industrie, de s'assurer des services que rendront les étalons primés, de la production des poulinières. Ces fonctionnaires enverraient des rapports aux commissions d'éleveurs, au directeur-général, et les éclaireraient sur les faits qui intéressent l'élevage et le Trésor. Là devrait se borner selon nous le personnel de l'administration, en dehors des haras royaux. Quant à ces établissemens, il serait nécessaire de les confier à la direction d'un administrateur chargé de la discipline du haras, et sous lequel la tâche se partagerait entre un fonctionnaire éleveur responsable, chargé de faire naître, d'élever, et préparer aux épreuves, et d'y soumettre les chevaux, et le chef de culture, chargé de l'exploitation rurale. On attacherait encore à chacun des établissemens un vétérinaire.

Les mêmes officiers qui seraient préposés à l'inspection particulière représenteraient l'Etat dans les commissions d'éleveurs. Ils apporteraient leur parfaite connaissance du pays dans toutes les questions, dans tous les débats auxquels donnent lieu les intérêts de l'industrie.

Ils auraient voix consultative et **droit de véto sur les admissions d'étalons et de poulinières.** Ils joindraient à leurs fonctions l'inspection des registres de naissance, établis dans les communes. Quant aux choix des professeurs pour les écoles annexées aux haras, il serait convenable de s'en rapporter au concours.

Ainsi exécution par les éleveurs eux-mêmes des mesures qui les intéressent; surveillance par l'Etat de leur application dans l'intérêt du but qu'il poursuit; impuissance de faire le mal, pouvoir large de faire le bien. Voilà, selon nous, ce qui résultera de l'organisation que nous proposons. Tendance des principes, des dispositions protectrices, des encouragemens, des institutions organiques vers un but unique ; voilà ce que nous voulons. Hors de là il n'y a pas de succès durables, pas de résultats réels.

Résumons-nous ! nous réclamons :

La régénération par le sang arabe ;

La création de cinq haras destinés à entretenir le sang dans chaque circonscription, et faire naître des producteurs pour les céder à l'industrie ;

Annexe à chaque haras d'écoles pour l'enseignement des sciences hippiques ;

Droit élevé sur l'importation des chevaux étrangers ;

Franchise d'entrée pour les chevaux de race orientale;

Ration pour les chevaux d'officiers, conditionnelle à leur naissance en France;

Droit sur les négociations de chevaux communs;

Primes de première, seconde et troisième classes, en faveur des étalons et poulinières de sang ;

Admission aux primes de troisième classe des étalons et poulinières d'espèces de l'agriculture,

Epreuves de fond, de vitesse et de traction ;

Institution de foires sur les lieux de courses ;

Création de commissions, composées d'éleveurs choisis par les éleveurs de chaque circonscription, statuant sur les primes et les étalons; adjonction à chacune de ces commissions d'un commissaire du gouvernement, ayant droit de véto sur les admissions seulement, voix consultative sur toutes matières, chargé de faire observer les règlemens ;

Choix, par chacune de ces commissions, d'élus qui prendraient place au conseil général d'agriculture ;

Jurys des courses présidés par un agent du gouvernement;

Ouverture de registres à la mairie de chaque commune, pour la constatation des naissances de chevaux de race pure ;

Création d'un directeur-général ;

Création d'inspecteurs de circonscription, chargés de représenter l'Etat en qualité de commissaires auprès des commissions d'éleveurs, d'inspecter les registres de naissance ;

Choix, au concours, des professeurs des écoles des haras;

Administration de chaque haras par un directeur-administrateur, un éleveur, un chef d'agriculture et un vétérinaire.

# CHAPITRE V.


*Des ressources actuelles pour appliquer le système que nous venons de développer.*


L'utilité d'un système est à la condition de se pouvoir prêter aux difficultés inséparables de la pratique. La théorie n'est que le lien des principes aux faits ; mais celui qui n'a pas de théorie agit sans connaître la raison des choses et ne saurait assigner aucun motif à ses actes. Sans elle la pratique n'est donc qu'une aveugle et caduque routine. Nous avons soumis notre théorie, nous avons dit comment nous voulions la voir appliquée. Démontrons maintenant comment elle est applicable dans l'état actuel du pays et la situation des haras royaux.

Nous demandons la création de cinq haras composés chacun de quatre-vingts poulinières et de huit étalons. Est-ce à dire qu'il faille arriver subitement à ce chiffre. Ce n'est pas notre intention. Les ressources présentes sont bornées aux limites du crédit accordé par les Chambres. Ce crédit est de 2 millions. On peut y joindre, en liquidant la gestion actuelle, le produit de la vente d'environ sept cent cinquante étalons inférieurs. Que retirerait-on de cette vente ? En admettant que chacun de ces étalons ne vaille que 3,000 fr. en moyenne, ce serait donc une ressource extraordinaire de 2,250,000 fr., qui rentrerait dans le Trésor. De plus, l'entretien de chacun de ces étalons revient annuellement à 1,000 fr.

Ce serait encore 750,000 fr. économisés sur les ressources ordinaires ; mais, comme en cédant ces producteurs à l'industrie, il faudrait l'amener à les conserver pour la production pendant quelques années, jusqu'à ce que les nouveaux haras puissent porter leurs fruits, il serait indispensable de leur accorder une prime conditionnelle à la justification de leur saillie. Cette prime étant de 400 fr. pour chacun, ou de 300,000 fr. pour la totalité, l'économie se réduirait à 450,000 fr. Ainsi, produit de vente,      2,250,000 fr.

Economie de non entretien,      450,000

Ensemble,      2,700,000

Voilà donc des ressources que coûteraient immédiatement quarante poulinières et quatre étalons pour chacun des cinq haras que nous proposons de créer. En admettant une moyenne de 8,000 fr., on ne nous accusera pas de parcimonie. Or, à 8,000 fr. chaque, deux cent vingt jumens ou étalons reviendraient à 1,660,000 fr. La différence des ressources 2,700,000 fr., à la dépense 1,660,000 fr., serait donc 1,040,000 fr., c'est à dire sur le fonds extraordinaire, 590,000 fr., et le fonds ordinaire dans son intégralité, 450,000 fr.

Relevons maintenant pour l'entretien de ces mêmes haras 1,000 fr. par animal, ce sera 220,000 fr. à retirer de l'économie sur le fonds ordinaire, qui restera à 230,000 fr.

Lesquels 230,000 fr. pourront composer un fonds de primes pour les poulinières.

Quant au fond extraordinaire restant (590,000 fr.), joint au produit de la vente progressive des cent cinquante étalons, qui seront pendant l'époque de transition entretenus dans les dépôts ces fonds seront employés graduellement à porter quatre-vingts poulinières, et à huit étalons, le nombre des producteurs par chacun des cinq haras nouveaux.

Que si on dit que nous avons, dans le nombre des étalons appartenant aux haras actuels, des chevaux arabes, nous répondrons tant mieux; ceux-là seront tout achetés, il ne s'agira que de choisir parmi eux.

Maintenant, veut-on tenir compte des économies qui résulteraient de la réduction du personnel actuel, des produits de l'impôt sur l'importation des produits, du droit sur les négociations des chevaux communs, on reconnaîtra qu'à supposer qu'au lieu d'être supérieures aux dépenses, les ressources que nous avons énumérées plus haut fussent inférieures, celles-ci suffiraient, non seulement à rétablir l'équilibre, mais encore à entrer largement dans le système de primes le plus libéral.

Citons, pour exemple des ressources qui naîtraient de ces droits, l'impôt sur les chevaux étrangers à l'importation. La moyenne des chevaux importés annuellement, depuis vingt ans, est de dix-sept mille. Supposons que, sous l'empire de la nouvelle législation, pendant les vingt années qui vont s'écouler, on n'en importât plus qu'une moyenne de deux mille par an; admettons le droit de 500 fr., et il ne pourrait être moindre dans l'intérêt de l'industrie; voilà un revenu d'un million.

Pense-t-on que le droit sur les négociations, à 1 fr. par vente ou achat, fût beaucoup inférieur?

Il y a, en France, deux millions huit cent mille chevaux environ, qu'on fasse le calcul des mutations.

Je sais bien qu'on objectera la difficulté de faire accepter, par les intéressés, un droit de cette nature. Mais y a-t-il un impôt plus impopulaire que l'impôt sur les boissons? Nous ne savons pas qu'on ait renoncé à sa perception.

Terminons : le mal est grand, il faut donc que le remède soit proportionné à son étendue, que l'on considère l'importance de l'industrie qu'il s'agit de relever. Le temps des hésitations sera fini pour tout le monde. Nous savons bien que

le *statu quo* est une disposition d'esprit assez commune actuellement. Il n'est pas rare de trouver des hommes qui,
sous prétexte de la prudence, s'opposent à ce qu'on touche
à rien de ce qui est, comme si tout était pour le mieux,
même dans la sphère de l'industrie. Quiconque prononce le
mot d'amélioration devient, à leurs yeux, un novateur témé-
raire; il semble qu'on doive s'endormir dans sa misère. Or,
cette passion pour l'immobilité en présence de l'opinion qui
favorise évidemment l'introduction d'améliorations utiles,
est aussi dangereuse qu'un amour aventureux pour les in-
novations. La vraie sagesse, celle dont la France fait cas,
consiste à modifier avec mesure, mais avec fermeté, ce qui
n'est pas conforme aux intérêts du pays lorsqu'ils sont bien
constatés. Nous nous adressons donc au pays sans crainte;
nous lui livrons nos réflexions et nos vœux; qu'ils lui profi-
tent, nous ne voulons pas autre chose.